实践维度的生态文明制度体系建设研究

陈仁锋　庞虎　著

U0211045

ZHEJIANG UNIVERSITY PRESS
浙江大学出版社
·杭州·

图书在版编目(CIP)数据

实践维度的生态文明制度体系建设研究 / 陈仁锋，
庞虎著. —杭州：浙江大学出版社,2023.6(2024.9重印)
　　ISBN 978-7-308-23801-4

　　Ⅰ.①实… Ⅱ.①陈… ②庞… Ⅲ.①生态环境建设
－研究－中国　Ⅳ.①X321.2

　　中国国家版本馆 CIP 数据核字(2023)第 089192 号

实践维度的生态文明制度体系建设研究

陈仁锋　庞　虎　著

责任编辑	傅百荣	
责任校对	徐素君	
封面设计	周　灵	
出版发行	浙江大学出版社	
	（杭州市天目山路 148 号　邮政编码 310007）	
	（网址：http://www.zjupress.com）	
排　　版	杭州隆盛图文制作有限公司	
印　　刷	广东虎彩云印刷有限公司绍兴分公司	
开　　本	710mm×1000mm　1/16	
印　　张	12	
字　　数	250 千	
版 印 次	2023 年 6 月第 1 版　2024 年 9 月第 2 次印刷	
书　　号	ISBN 978-7-308-23801-4	
定　　价	58.00 元	

作者简介

陈仁锋,1994年3月出生,福建德化人,浙江大学在读博士生。长期从事马克思主义中国化思想史、社会文化思潮与马克思主义中国化等领域研究。目前参与国家社科基金后期资助重点项目、浙江省哲学社会科学规划项目、中央高校基本科研业务费重点项目等课题3项。在《治理研究》《福建省委党校学报》等期刊发表学术论文5篇。

庞虎,1978年8月出生,山东聊城人,中国社科院博士后,现为浙江大学马克思主义学院教授、博士生导师,长期从事社会文化思潮与马克思主义中国化、中国共产党党建理论与实践、中国共产党与中华文明建构、马克思主义中国化思想史等领域研究。主持国家社科基金后期资助重点项目、国家高端智库重点研究项目、浙江省社会科学规划项目、中央高校基本科研业务费重点项目、教育部人文社会科学项目等课题50余项。已在《马克思主义研究》《马克思主义与现实》《中共党史研究》《光明日报》《浙江社会科学》《浙江学刊》《治理研究》《厦门大学学报》《中共中央党校学报》《江汉论坛》《西南大学学报》《求实》《长白学刊》《理论月刊》等报刊发表学术论文60余篇。多份资政报告被中央办公厅、教育部等中央部委采纳。

自　序

　　生态文明是继原始文明、农业文明、工业文明之后的一种崭新的人类文明形态，是遵循客观生态规律而取得的一切物质成果、精神成果和制度成果的总和。在生态文明的探索中，制度作为协调人与人、人与社会、人与自然关系的一种规约，因其特有的指导性、约束性、程序性、规范性和激励性，能够通过明确主体、完备内容、厘清权责、严密监管的系列安排，推动生态风险防控和环境保护的常态化、精准化、规范化和法治化，促进生态环境问题的标本兼治，是生态文明建设的重要支柱。党的十九届四中全会明确指出，"生态文明建设是关系中华民族永续发展的千年大计"，要"坚持和完善生态文明制度体系，促进人与自然和谐共生"。[①] 落实生态文明制度建设不仅是坚持和完善中国特色社会主义制度、推进国家治理体系和治理能力现代化的重要一环，也是中华民族永续发展的有力保障，更是学术界亟待研究的一项基础性课题。

　　我国生态文明制度建设拥有丰厚的理论渊源。首先，其可以追溯至马克思主义对资本主义生产方式及其社会制度所引发的生态危机的深刻批判。马克思、恩格斯从历史唯物主义的立场出发，深刻阐明了资本主义生产方式因造成人与自然物质变换的"撕裂"而引发"自然的报复"，所以，生态问题的本质就在于资本主义私有制所固有的"非人性"和"反生态"的"制度困境"。要解决这一困境，必须依托"一种'人与自然的和解'和'人与人的和解'高度契合的理想型生态共同体制度样态——共产主义制度"[②]。这一思想，构成了我国生态文明制度建设

---

　　① 习近平. 中共中央关于坚持和完善中国特色社会主义制度、推进国家合理体系和合理能力现代化若干重大问题的决定[N]. 人民日报，2019-11-01.

　　② 马瑞科，袁祖社. 现代社会"绿色生存"的制度理性逻辑及价值构序实践[J]. 广西社会科学，2021(2).

的理论基石，只有坚持以马克思主义为指导，立足于中国生态文明建设的实际情况，才能创生出迥异于资本主义制度的生态文明崭新形态。其次，中国优秀传统文化所涵蕴的"天人合一""取用有度""道法自然"等生态伦理和道德规范，蕴含着尊重自然、敬畏自然、惜物节用的丰厚理念，为我国生态文明制度建设提供了民族智慧，增添了传统底色。最后，西方关于生态学马克思主义的理论研究，通过对经典马克思主义的继承与发展，揭示了生态危机与资本反生态性的关系，已尝试探讨社会主义制度解决生态危机的可能性和必要性。这些思想为我国反思当前的生态危机，加强生态文明制度建设，提供了值得辩证镜鉴的"他山之石"。

我国的生态文明制度建设还具有深厚的实践积淀。新中国成立 70 年多年来，党的历届领导集体都立足于现代化发展的客观实际，着眼于人与自然的协调发展，不断推动生态文明建设的实践探索。早在新中国成立初期，为正确协调发展经济、勤俭节约、改善人民生活之间的内在关系，在毛泽东的领导下中国共产党就进行了勤俭建国、厉行节约等可贵实践。尽管这一实践还不太系统和全面，但作为中国共产党的初步尝试，已为我国生态文明建设提供了宝贵的思想资源和实践基础。改革开放之初，以邓小平为核心的党的第二代中央领导集体在科学总结毛泽东领导的生态探索实践经验的基础上，结合社会经济发展中日益凸显的环境问题，明确将环境保护上升到基本国策的高度，相继制定并实施了《中华人民共和国环境保护法（试行）》、排放污染物收费制度、排污许可证制度、环境污染限期整改制度等环境管理制度，推动生态保护和环境管理步入科学化、规范化和制度化的轨道，标志着我国生态文明制度建设实现了从无到有的历史性突破。20 世纪 90 年代以后，在社会主义市场经济体制改革的时代背景下，以江泽民为核心的党的第三代领导集体，为实现"生产发展、生活富裕、生态良好"的可持续发展，前瞻性地废止、修改和完善了我国现行的生态环境法律法规体系，成立了全国人大环境与资源保护委员会，加快了中国特色社会主义生态环境的立法进程，推动生态文明制度建设由后置控制向前置控制、由末端治理向源头防治的转化。迈入新世纪后，以胡锦涛为代表的中国共产党人又在科学发展观的指导下，创造性地提出资源节约型和环境友好型的社会建设，赋予我国生态文明建设以人为本的价值导向和全面协调可持续的根本要求，更加明确了生态文明制度建设的目标和方向。

进入新时代以来，以习近平同志为核心的党中央进一步将生态文明建设纳入中国特色社会主义"五位一体"的总体布局和"四个全面"的战略布局之中，创造性地提出了坚持"人与自然和谐共生""绿水青山就是金山银山""良好生态环境是最普惠的民生福祉""山水林田湖草是生命共同体""生态兴则文明兴,生态衰则文明衰"等一系列生态文明新理念。在这些理念的指导下,党和政府妥善处理制度存量与制度增量、制度常量与制度变量的辩证关系,明确将生态文明制度建设作为协调中国经济高质量发展和建设美丽中国之间关系的根本保障。党的十八届三中全会首次以中央文件的形式明确了生态文明制度体系建设的战略部署,强调"建设生态文明,必须建立系统完整的生态文明制度体系",必须遵照"源头治理、系统治理、综合治理、依法治理"的方针,规划出符合中国实际的生态文明制度建设路线图。近年来,经过一系列实践探索目前已经在顶层设计层面上基本建立起了"产权清晰、多元参与、激励与约束并重、系统完整的生态文明制度体系",打出了污染防治攻坚战的"组合拳"。

当下,我国生态文明建设已进入提供更多优质生态产品以满足人民日益增长的优美环境需要的攻坚克难阶段,涌现出一系列亟待解决的新情况、新问题。例如,在决定发展方向的宏观路径上,存在经济、政治、文化、社会、生态等领域的协同融入失衡,各社会主体联动受阻,生产、分配、交换、消费等环节的割裂严重等问题;在制度运行的机制设计层面,尚未形成完备的系统化设置,顶层决策机制、产权运营机制、环境监管机制、绩效考核机制等设计的科学性和可操作性亟待提升,制约了生态制度合力效用的发挥,等等。所以,如何从生态文明建设的理论资源中凝练出指导制度实践的思想、理念和原则,从历史经验中总结出助益制度有效运行的方式方法,就成为探讨生态文明制度建设的迫切任务。此外,我国的一些地方实践也已涌现出诸多鲜活样板和典例,其中,浙江省作为我国深化改革的前沿阵地,在生态文明建设中始终秉持先试先行的探索理念,开了众多的制度先河,积累了丰富的实践经验,具有很好的参考意义和推广价值,对完善生态文明制度建设具有较强的借鉴意义。

党的十九届六中全会指出:"党领导人民成功走出中国式现代化道路,创造了人类文明新形态。"①从国际视野来看,中国特色社会主义生态文明建设就是对中国式现代化道路的本质表达和对人类文明新形态的生动写照。通过对照西方国家生态治理的利弊得失,将美丽中国的建设画卷,书写为人类文明新形态在生态领域中的生动话语,以凸显中国式现代化道路内在蕴含的制度优势和治理效能,从而为世界文明的优化发展,贡献鲜活的中国智慧。

---

① 中共十九届六中全会在京举行[N].人民日报,2021-11-12(01).

目　　录

绪　论

　　党的十八大以来,以习近平同志为核心的党中央深刻回答了为什么建设生态文明、建设什么样的生态文明、怎样建设生态文明的重大理论和实践问题,提出了一系列新理念、新思想、新战略,形成了习近平生态文明思想,成为习近平新时代中国特色社会主义思想的重要组成部分。从制度体系视角研究生态文明,有着重要的理论价值和实践意义。在习近平生态文明思想指导下,通过对相关著作文献的梳理,我们发现该领域有部分成果涌现,但同时存在较大缺憾。

一、研究现状

(一)生态文明制度建设的理论基础研究

1.马克思、恩格斯生态伦理思想

　　马克思、恩格斯在其经典著作中有关人与自然的关系理论、生态危机的资本主义制度批判论等思想,蕴含着丰富的生态文明制度思想,这些思想为我国生态文明及其制度建设的形成提供了理论基石。

　　一是基于体系的研究。陈爱华认为,马克思的生态伦理思想具备"人本学主体辩证法"和"社会伦理价值批判"的双重思维向度和伦理语境。这种伦理观的实践指向在于,变革私有财产条件下人与人、人与社会的关系,进而改变人与自然的关系。[①] 李若娟也指出,马克思的生态理论以人本学主体辩证法为话语特征,并认为生态危机根源自资本主义私有制所造成的人与自然的关系异化,所以

---

　　① 　陈爱华.论青年马克思的生态伦理观及其当代启示[J].南京林业大学学报(人文社会科学版),2008(3).

唯有以公有制取代私有制,通过制度变革来消除"异化",才能使得生态危机得到根本解决①。

二是基于价值的研究。张春华将马克思主义的生态思想归结为以"人与自然关系的和谐"为制度价值的社会制约论、揭示"资本与自然利益关系"的社会制度根源论、以社会制度变革来引导"自然生态问题的社会化解决"的方法论。所以,她强调,健全中国生态文明制度的基础,当以马克思主义生态思想为行动指南②。刘希刚在其所著的《马克思恩格斯生态文明思想及其中国实践研究》中,系统阐述了马克思、恩格斯的生态思想,认为其生态思想是以对资本主义的制度批判作为探讨生态问题的出发点和归宿,从而使其生态思想具备了生态问题制度批判论的现实向度。李宏伟在《马克思主义生态观与当代中国实践》一文中从理论渊源剖析了马克思主义生态思想对中国特色社会主义生态文明建设的启发意义,并跟踪生态马克思主义者对生态危机的理论分析,强调根植于资本主义生产方式,尤其是传统资本的"反生态性",是导致生态危机愈演愈烈的根本原因。

2. 中国传统生态伦理思想

我国具有深厚的关于生态伦理智慧的思想基因,尤其以儒家的"天人合一"、道家的"道法自然"、佛教的"缘起论"等传统思想为代表。所以,国内学者多聚焦于儒、释、道三家的生态伦理思想,挖掘其中所阐发的关于人与自然协调发展、人与人以及人与社会和谐的生态伦理思想。

张云飞认为,儒家"和实生物,同则不继"的朴素生态观,阐发了一种人与自然和谐共处的生存模式,强调若一味追求统一,将打破这种和谐关系③。此外,他还运用生态构成、季节规律、生态循环等生态学概念,概括出儒家主张中所涉及的自然保护的对象与类型,基于主体维度阐发了儒家思想与生态保护的联系。朱晓鹏认为,道家的"道法自然",主张人应当顺应自然无为的天道,反映了一种归隐自然、返璞归真、诗歌田园、致虚守静的朴素自然观。从本体论和方法论的意义上看,这种自然观以生发万物的"道"为世界本原,强调人不可违背"道"的客观规律,而是要在尊重、把握"道"的发展规律的前提下,发挥人的能动性,由此形成人与自然的协调状态,推动可持续发展。因此,朱晓鹏认为,道家的生态思想从方法论的意义上,能够对人的社会行为起到约束,进而促进生态保护④。我国

---

① 李若娟. 生态文明建设的制度建构[D]. 北京:北京师范大学,2015.

② 张春华. 中国生态文明制度建设的路径分析——基于马克思主义生态思想的制度维度[J]. 当代世界与社会主义,2013(2).

③ 参见张云飞. 天人合一——儒学与生态环境[M]. 成都:四川人民出版社,1995:211.

④ 参见朱晓鹏. 道家哲学精神及其价值境域[M]. 北京:中国社会科学出版社,2007:98-100.

较早开展佛教生态思想研究的当属中国人民大学哲学系的魏德东教授,他在《佛教的生态观》一文中首次系统阐释了佛教的生态思想,即以强调"因缘"的缘起论为哲学基础,并具备整体论和无我论两大特征。其主要内容包括了"无情有性"的自然观、"众生平等"的生命观、追求"净土"的理想观。此外,魏德东还从实践的维度指出,佛教生态思想的实践价值在于为当代的生态平衡重建提供了值得借鉴的思想资源,但仅凭佛教,却不能解决当代生态危机①。学者杨惠南和林朝成对佛教生态观及其环保实践上的运用探讨则更为深入。如杨惠南针对"心灵环保"提出"心境并建"的实践主张;林朝成则基于社会政治经济层面,提出生态运动与佛教经济学思想相结合的未来经济学模式②。值得注意的是,蔡永海、孙垚在《从传统生态伦理看生态文明制度建设》一文中挖掘了传统生态伦理思想的制度规定性,并以虞衡制为例探讨古代生态的保护机制,以圣王之制为例,阐释古代涉及生态保护的法律规制。

3.党的十八大以前的生态文明思想

关于毛泽东生态思想的研究。新中国成立初期,中国不仅尚处于"一穷二白"的发展境遇,还面临着被西方资本主义国家虎视眈眈地包围的复杂国际形势,尚未凸显"生态保护"的现实需求,所以,毛泽东在中国社会主义建设时期的思想,以"国家保护"和"人民保护"为核心,其相关论述中几乎看不见同生态相关的字眼。这就导致毛泽东的生态思想在较长一段时期未被学者发掘与重视,甚至因对毛泽东的某些论述只言片语地摘取,而产生对其生态思想的误读。近年来,毛泽东的生态思想被更多学者发现,并对其进行了客观评价。如陈颖等指出,毛泽东的生态思想蕴含在他对各种具体问题的分析与思考中,并概括了毛泽东在新中国成立后在提倡植树造林、发展林业,治理江河、兴修水利,保持水土、防治疾病,勤俭节约、反对浪费等具体实践中所表现出的生态思想;此外,他们还从世界观和方法论的意义上,总结出毛泽东生态思想所具备的把广大人民群众的利益放在首位、以我国实际情况为出发点、以文化生态观统筹协调发展全局的三个重要特点③。胡建认为毛泽东的生态思想及其实践历经了一个从"极端人类中心主义"转向"生态人类中心主义"的发展过程④。刘镇江则辩证地看待毛泽东的生态伦理思想,认为其积极方面体现在农业生产、治理水患等具体实践

① 魏德东.佛教的生态观[J].中国社会科学,1999(5).
② 参见陈红兵.佛教生态观研究现状述评[J].五台山研究,2008(2).
③ 陈颖,韦震,王明初.毛泽东生态文明思想及其当代意义[J].马克思主义研究,2015(6).
④ 胡建.从"极端人类中心主义"到"生态人类中心主义"——新中国毛泽东时期的生态文明理路[J].观察与思考,2014(6).

中,但囿于时代条件及其时代所限制的主观认知水平,毛泽东对生态问题复杂性、全面性的认知尚不够充分,甚至在后期的具体实践中与生态建设产生一定程度上的背离①。

关于邓小平生态文明思想的研究。国内学界对邓小平生态文明思想的研究大致于 2004 年《邓小平年谱》《邓小平文集》等重要史料的集成与披露后开始起步。目前仍较多于中国特色社会主义或中国共产党生态文明思想的历史追溯,以及习近平生态文明思想的理论来源中所散见邓小平关于生态问题的相关阐述。如秦书生在《改革开放以来中国共产党生态文明建设思想的历史演进》一文中涉及了邓小平在提倡植树造林、科学发展林业,重视资源综合利用、倡导开发利用新资源和可再生资源等方面所反映的生态文明思想②。王太明等则基于中国特色社会主义生态文明制度建设的理论逻辑分析,从理论传承的角度,论及邓小平指导下产生的《中华人民共和国环境保护法》,对我国生态环境保护步入法治化轨道的启动意义③。近年来也涌现出一些关于邓小平生态文明思想的专论,如杨大燕从目标、原则、思路三个层面研究邓小平生态文明思想的逻辑体系④。汪希等则从协调人口规模、自然环境保护与经济发展关系、生态文明建设要靠科技进步等方面阐述了邓小平的生态文明思想,并基于当代实践要求阐发其时代价值⑤。值得注意的是,李学林等于 2019 年出版的《邓小平生态文明建设思想研究》,是该领域少有的系统性专著。该著作从七个方面较为完整地建构了邓小平生态文明思想的内容体系。

关于江泽民和胡锦涛生态文明思想的研究。目前学界对此研究也少有系统的专论。如李阳等,从人口发展与生态容量、生态问题与人民身心健康、防止洋垃圾对人民的损害等三方面阐述了江泽民的生态民生思想⑥。杨卫军认为,江泽民通过对马克思主义生态观的继承,提出"促进人与自然的协调与和谐"理念,并从保护环境的实质就是保护生产力、实施可持续发展战略、以大力发展科学技

---

① 刘镇江,肖明.毛泽东生态伦理思想的二重性及其启示[J].湖南社会科学,2011(1).

② 秦书生.改革开放以来中国共产党生态文明建设思想的历史演进[J].中共中央党校学报,2018,22(2).

③ 王太明,王丹.中国特色社会主义生态文明制度建设的理论逻辑[J].北京交通大学学报(社会科学版),2021,20(4).

④ 杨大燕.论邓小平生态文明建设思想及其蕴含的四大思维[J].邓小平研究,2018(3).

⑤ 汪希,刘锋,罗大明.邓小平生态文明建设思想的当代价值研究[J].毛泽东思想研究,2015,32(1).

⑥ 李阳,艾志强.江泽民生态民生思想探析[J].文化学刊,2017(8).

术解决生态问题等方面,提出江泽民对马克思主义生态观的新发展①。曹萍等提出胡锦涛的生态文明思想以坚持以人为本、因地制宜、系统整体性、统筹协调性为四大原则,并基于我国东中西部的区位差异,颇具特色地具体分析了胡锦涛生态文明思想在不同区域的实践与实现②。概括来说,学界对党的十八大之前的生态文明思想研究,多作历史脉络或理论来源处理,也有在探讨生态文明制度建设的某个维度中关涉党的十八大以前生态文明思想的理论或实践的演进。具体到不同时期生态文明制度建设之不同特色的专论还较少。

(二)习近平关于生态文明制度建设主要论述的研究

1.习近平生态文明思想的形成与发展

阮朝晖结合习近平履历及其工作经历认为,习近平的生态文明思想历经了一个从最初孕育到最终确立的演进过程。具体表现为萌芽于陕北农村的知青经历;将理论初步付诸实践的在福州工作期间;发展定型并以特色化的区域实践为特点的在浙江工作时期;总结升华并系统化于任国家领导人之后③。唐铭等指出,习近平生态文明制度建设思想发展成熟于中国生态文明建设实践之中,具有强烈的时代契合性、价值导向性和实践推动性。其中生态问题的时代凸显、民众生态意识的时代诉求构成其生成的逻辑起点;中国特色社会主义事业的整体性、长期性、制度性、自主性和开放性构成其生成的逻辑条件④。王青认为,中国共产党生态文明建设的历史积淀、新时代我国政治经济及社会意识的发展现状、生态文明建设过程中形成的实践原则和理念共同构成了新时代人与自然和谐共生观的生成逻辑⑤。

2.习近平生态文明思想的实践向度

一是学理层面的研究。肖贵清等从国家治理的视角切入,认为生态文明制度作为国家治理体系的"子系统",生成于中国特色社会主义的制度定型化中,并于"五位一体"的总体架构中,通过各领域制度的联系与互补,彰显中国特色社会

①　杨卫军.论江泽民对马克思生态观的新发展[J].前沿,2009(4).

②　曹萍,冯琳.胡锦涛同志生态文明思想的区域实现探析[J].毛泽东思想研究,2009,26(6).

③　郑振宇.习近平生态文明思想发展历程及演进逻辑[J].中南林业科技大学学报(社会科学版),2021,15(2).

④　唐鸣,杨美勤.习近平生态文明制度建设思想:逻辑蕴含、内在特质与实践向度[J].当代世界与社会主义,2017(4).

⑤　王青.新时代人与自然和谐共生观的生成逻辑[J].东岳论丛,2021,42(7).

主义制度的优越性与实效性①。杨勇等从我国生态文明制度体系的逻辑演绎推演其实践向度,认为习近平关于生态文明制度体系方面的论述蕴含民族性与民生性的统一、体现系统性与创新性的耦合、彰显先进性与实践性的共融②。沈满洪通过对习近平总书记关于生态文明体制改革的重要论述的系统整理,认为这些重要论述主要包括:由基于系统论观点的国家机构改革论和基于"绿水青山就是金山银山"理念的核算制度改革论共同构成的生态文明体制改革思想,以基于政府与市场关系形成的社会治理机制论为重心的生态文明机制设计思想,以构建具有层级关系的"制度结构树"和针对不同主体的"制度矩阵"为要点的生态文明制度建设思想。其中,理性思维、问题导向、目标导向、顶层设计是习近平生态文明思想中有关体制改革方面的主要特色③。

二是现实层面的研究。该研究主要以生态文明制度体系的各个子系统或其具体区域实践的形式展开。沈满洪结合党中央关于生态补偿机制的顶层设计,认为新时代生态补偿机制建设呈现出从狭义补偿到广义补偿、从区域补偿到区际补偿、从政治补偿到市场补偿、从单一制度到制度组合的八大趋势,并分析了新时代完善生态补偿机制所面临的环境产权界定、环境价值评价等技术性障碍,以及绩效设计科学化有待完善、实施机制有待落地等制度性障碍④。此外,他还就明晰产权内容、廓清产权主体、聚焦技术与制度的关键、把握改革策略四个层面剖析生态文明产权制度改革⑤,并基于绿色发展理念对财税制度改革提出构想⑥。在具体区域实践上,冯汝以京津冀区域为样本,探讨了我国自生态环境管理机构改革和环保垂直改革实施后,环境监管体制所面临的障碍及其优化路径⑦。尹瑛以国内垃圾焚烧争议为案例,分析了政府环境风险决策中公众参与的行动逻辑⑧。沈满洪、谢慧明以安徽"新安江模式"为个案,认为该模式中产生

---

① 肖贵清,武传鹏.国家治理视域中的生态文明制度建设——论十八大以来习近平生态文明制度建设思想[J].东岳论丛,2017,38(7).

② 杨勇,阮晓莺.论习近平生态文明制度体系的逻辑演绎和实践向度[J].思想理论教育导刊,2018(2).

③ 沈满洪.习近平生态文明体制改革重要论述研究[J].浙江大学学报(人文社会科学版),2019,49(6).

④ 沈满洪.生态补偿机制建设的八大趋势[J].中国环境管理,2017,9(3).

⑤ 沈满洪.推进生态文明产权制度改革[J].中共杭州市委党校学报,2015(6).

⑥ 沈满洪.促进绿色发展的财税制度改革[J].中共杭州市委党校学报,2016(3).

⑦ 冯汝.跨区域环境治理中纵向环境监管体制的改革及实现——以京津冀区域为样本的分析[J].中共福建省委党校学报,2018(8).

⑧ 尹瑛.环境风险决策中公众参与的行动逻辑——对国内垃圾焚烧争议事件传播过程的考察[J].青年记者,2014(35).

的跨流域生态补偿协议,实现了上下级补偿与上下游补偿相结合、问题导向与目标导相结合、激励与约束相结合等方面的创新,堪称践行"绿水青山就是金山银山"理念的成功典例①。

(三)生态文明制度体系建设的现状研究

纵观学界关于生态文明制度体系建设的现状研究,一是从国家、区域两个层面总结我国生态文明制度体系建设取得的成就与经验,二是从政府管制、市场运作、公众参与等角度分析我国生态文明制度体系建设过程中存在的问题与阻碍。以下分而述之。

1.取得的成就

国家层面,着重总结国家生态文明制度建设的经验与成就。陶火生认为,自党的十八大以来,中国共产党在生态文明制度体系建设取得的重大成就,可概括为全面化、结构化、科学化和规范化的制度体系构建,并形成了坚持党的全面领导、坚持社会主义本质、坚持人民至上立场、坚持运用六大思维方法论等一系列基本经验②。李娟选取改革开放以来中国生态文明制度建设的 40 年历程,将我国生态文明制度建设历程划分为初步构建环保制度框架的起步阶段、探索可持续发展战略的发展阶段、构建"两型"社会和多元治理体制的深化阶段以及迈向以顶层设计推进系统化体制改革的成熟阶段,并形成了以市场机制为牵引、以落实目标责任制为保障、以激励公众参与为内生动力、以借鉴国际实践为外生动力等基本经验③。

区域层面,着重总结我国区域、组织和机构的相关经验成就。牛丽云以《青海省打造青藏高原生态文明高地行动计划》为切入点,从推进顶层设计、完善法治体系、构建生态产品价值实现机制、凝聚社会共识、增强制度合力等八个方面阐述了青海省打造生态文明制度创新高地的重点任务和主要经验④。沈满洪等从"人地关系""前后关系""条条关系""上下关系""道器关系""鱼水关系"等层面总结出生态文明制度建设的"杭州经验"⑤。林震从观念引领,规划先行;综合决

---

① 沈满洪,谢慧明.跨界流域生态补偿的"新安江模式"及可持续制度安排[J].中国人口·资源与环境,2020,30(9).

② 陶火生.十八大以来中国共产党建设生态文明制度体系的成就与经验[J].福建师范大学学报(哲学社会科学版),2022(3).

③ 李娟.中国生态文明制度建设 40 年的回顾与思考[J].中国高校社会科学,2019(2).

④ 牛丽云.青海打造生态文明制度创新新高地研究[J].青海社会科学,2021(6).

⑤ 沈满洪等.生态文明制度建设的杭州经验及优化思路[J].观察与思考,2021(6).

策,注重考评;加强立法,严格执法;首尾兼顾,全程创新;全民参与,齐头并进;转型升级,"三生"共赢等六大方面提炼出生态文明制度创新的"深圳模式"①。此外,生态文明制度建设的"贵州经验""安吉经验""湖州经验",长三角、珠三角、京津冀的跨区治理经验也多被学者谈及。

2.存在的问题

蔡永海从参与主体的生态文明制度意识淡薄、生态文明制度体系内容不完善、生态文明制度落实存在漏洞三个方面,分析了我国现阶段生态文明制度体系建设面临的主要问题②。刘登娟认为,我国生态文明制度体系建设面临的"制度陷阱",集中体现在政府管制、市场运作、公众参与的三个层面③。惠莉着眼于制度运行过程认为,我国生态文明制度体系所遭遇的制度障碍,体现在缺乏有效的源头防范、不够严格的过程监管以及惩处力度不足的环境危害处罚等方面。此外,还有学者就生态文明制度建设中的具体运行机制所存在的问题展开分析。周卫基于我国环境监管执法体制处在新旧制度交替阶段的历史特点,指出法律主体资格不明、生态环境监管执法依据选择困难、监管执法权能不匹配是我国环境监管执法面临的法治困境④。唐斌等指出,评估过程存在目标冲突与利益博弈、评估信息管理机制不健全、评估制度管理保障体系不健全、评估的激励与约束效力不足,是当前钳制我国地方政府生态文明绩效评估机制有效运行的主要障碍⑤。

(四)生态文明制度体系建构路径研究

制度是理论向实践转化的中介与保障,生态文明制度体系的建设是我国生态文明建设的关键。学者们针对生态文明制度建设的现状提出了许多进一步完善生态文明制度体系的对策建议。

首先,在完善生态文明制度体系的内部建设方面。张春华基于马克思主义生态思想的制度维度分析,以及对我国微观具体生态制度设计缺失的现实考察

---

① 林震,栗璐雅.生态文明制度创新的深圳模式[J].新视野,2015(3).
② 蔡永海,谢沧檬.我国生态文明制度体系建设的紧迫性、问题及对策分析[J].思想理论教育导刊,2014(2).
③ 刘登娟等.以制度体系创新推动中国生态文明建设——从"制度陷阱"到"制度红利"[J].求实,2014(2).
④ 周卫.我国生态环境监管执法体制改革的法治困境与实践出路[J].深圳大学学报(人文社会科学版),2019,36(6).
⑤ 唐斌,彭国甫.地方政府生态文明建设绩效评估机制创新研究[J].中国行政管理,2017(5).

后认为,应从政府的生态行政制度建设、明晰的生态产权制度建设、合理的生态监管制度建设、合法的生态参与制度建设四方面完善生态文明制度建设①。沈满洪基于生态文明制度建设的框架结构,提出应该根据匹配原则、适用条件、彼此关系进行生态文明制度建设的优化选择②。张平等认为,生态文明制度体系创新应包括观念创新、顶层设计创新、管理体制创新、动力机制创新这四个维度,这样才能使整个制度体系在夯实理论基础、顶层设计指导、管理体制创新、动力机制驱动下,形成逻辑严密的自洽系统③。

其次,在促进生态文明制度体系的内部的良性互动方面。李娟认为,创新与完善生态文明制度建设,应把握整体推进与重点突破的辩证关系,即坚持问题导向,增强各项制度安排的关联性与耦合性,防止顾此失彼和畸重畸轻;把握垂直管理和统一监管的关系,即既要强化上级部门纵向监管环保机构的"威压"作用和"利剑"作用,也要建立地方政府同环保机构的横向协同机制,从横纵的协调配合实现生态监管的全覆盖;把握生态制度与生态文化的关系,即生态制度的具体设计要因地制宜,主动适应地方的传统理念与风俗习惯④。张明皓基于我国社会主要矛盾的新时代转化,提出生态文明体制改革应遵循三重逻辑,即促进生态与社会子系统深度耦合的外围逻辑;正确处理生态制度内部衔接关系的中层逻辑;以满足人民优美生态环境需要为价值内核的深层逻辑。这三重逻辑在具体实践中则表现为生态与社会子系统的关系改革、生态文明制度结构的综合改革以及生态文明体制目标的民生化改革⑤。

再次,在加强生态文明制度体系与其他社会系统的协同发展方面。赵建军指出,健全的生态文明制度是生态文明建设的保障,良好的生态文化是生态文明建设的内核。生态文明与生态文化是相互促进、相互依存的关系。因此,不仅要完善生态文明制度建设,而且要强化生态文化在全社会的影响力,两者协同发力,共同推动社会、经济的有序和健康发展⑥。唐鸣从生态文化重塑、生态责任分配以及按照习近平生态文明制度建设的战略部署进行生态制度建设三方面阐

① 张春华.中国生态文明制度建设的路径分析——基于马克思主义生态思想的制度维度[J].当代世界与社会主义,2013(2).
② 沈满洪.生态文明制度的构建和优化选择[J].环境经济,2012(12).
③ 张平,黎永红,韩艳芳.生态文明制度体系建设的创新维度研究[J].北京理工大学学报(社会科学版),2015,17(4).
④ 李娟.中国生态文明制度建设40年的回顾与思考[J].中国高校社会科学,2019(2).
⑤ 张明皓.新时代生态文明体制改革的逻辑理路与推进路径[J].社会主义研究,2019(3).
⑥ 赵建军,尚晨光.以制度和文化的协同发展推进生态文明建设[J].环境保护,2017,45(6).

述了生态文明制度建设的实践向度①。

(五)国外生态文明制度体系建设的实践与启示

一是比较视野下的欧洲绿党和环境运动研究。郇庆治基于对欧洲绿党政治的长期追踪研究,在比较环境政治的国际视野下,从西方的绿色思潮、绿色运动、绿色政治三个向度,批判性地指出欧洲绿党及其主导下的环境运动存在不彻底的缺点。在他看来,中国的生态文明探索应基于社会公平正义和生态可持续理念,形成广泛的政治联合,从而构建一种不同于资本主义的生态运动模式②。

二是日本的"循环型社会"。胡澎指出,战后日本为扭转重经济轻环境的发展道路,通过完善法制体系、普及循环型社会理念、构建中央政府、地方政府、科研机构、环保组织、社会民众等"多元协作"关系以及重视国际合作、善用国际资金等方式,创生了一种"循环型社会"发展模式,这对我国实施社会经济的可持续发展战略具有借鉴意义③。孟文强等通过中日构建循环型社会评价指标的分析比较,认为日本实施的物质循环型社会(SMC)基本计划在实现发展循环经济向构建循环社会转变、重视结果评价与过程评价相结合、建立完善的单项法律法规、采取精细化管理方法等方面对中国走可持续发展道路具有启发意义④。

三是新加坡的"花园城市"。谭颜波认为,新加坡在经济发展与环境保护的协调关系上,更侧重于环保优位于经济发展,在严厉的环境损害执法,合理的产业发展布局,以园林绿化、节能减排、污水垃圾处理为突出成效的绿色城市打造下,构建了一种"花园城市"⑤。

二、研究简评

近年来学者对于生态文明制度体系的研究不断增加,主要集中在生态文明制度的内容、理论体系、成果与问题以及实践路径的探讨,取得了一定的研究成果。但是,由于我国生态文明制度建设研究的起步较晚,目前的研究仍然存在诸多值得继续开拓的空间。

---

① 唐鸣,杨美勤.习近平生态文明制度建设思想:逻辑蕴含、内在特质与实践向度[J].当代世界与社会主义,2017(4).

② 参见郇庆治.环境政治国际比较[M].济南:山东大学出版社,2007.

③ 胡澎.日本建设循环型社会的经验与启示[J].人民论坛,2020(34).

④ 孟文强,孙江永,周宏瑞.中日构建循环型社会指标的分析与比较[J].日本问题研究,2012,26(2).

⑤ 谭颜波.国外生态文明建设的实践与启示[J].党政论坛,2018(4).

第一，**生态文明制度建设研究缺乏整体性。**从建设生态文明体制的"四梁八柱"到建设生态文明制度体系，生态文明制度的设计更加具体化、精细化。当前的研究往往从生态文明制度体系中的某一部分出发，在不断明确生态文明制度的主体分工和功能区间的同时，也存在将生态文明的各项制度割裂的问题。生态文明制度建设是一项涵盖多方面制度安排，如强制性制度和非强制性制度等的系统化、整体化工程，具体到制度运行层面也有赖于源头保护机制、过程严管机制、损害惩处机制、责任追究机制、生态绩效机制等多种微观运行机制的协调配合。生态文明建设的各项子系统、各个环节、各个流程的合理衔接和良性互动是生态文明制度合力有效发挥，彰显中国特色社会主义生态文明制度体系优越性的重中之重。当前对生态文明制度体系内部的整合与统筹的研究大多是对其客观必然性的论证，需要进一步地挖掘与加强。

第二，**对生态文明制度建设与其他社会子系统的互动缺乏研究。**党的十八大报告强调，应把生态文明建设摆在"五位一体"总布局的突出位置，将生态理念有效融入经济、政治、文化、社会等各领域和全过程。生态文明制度体系建设是推进国家治理体系和治理能力现代化的关键一环，而现代化的治理能力和治理体系所带来的不同社会领域间的协调合作与良性互动也构成了生态文明制度体系发挥作用的重要基础。但当前对于这方面的研究较为缺乏，且主要局限在生态与文化的互动领域之中。因此，怎样将生态文明制度体系建设与社会的各方面和全过程相结合还需要更深层次的挖掘和研究。

第三，**对生态文明建设实践的成功范例缺乏深入的挖掘。**党的十八大以来，生态文明建设的实践已经取得了长足的进步，在习近平新时代中国特色社会主义思想的指导之下，涌现出许多由地方智慧推动的生态保护实践范例。如2003年在浙江省逐渐发展出来的河长制，现已在全国全面推广，这些经验都是生态文明制度体系建设研究的鲜活范本。研究这些成功经验背后所蕴藏的人民群众与中央领导集体的智慧与魄力有助于生态文明制度体系研究更好地将以人民为中心的宗旨融入人民群众的生活实践。

总而言之，随着党和国家对于生态文明的重视以及民众生态文明意识的增强，学者对于生态文明制度体系建设的相关理论基础、实践路径等方面进行了广泛的研究，但生态文明制度体系仍然在随着时代的发展和实践的推进而不断被赋予新的含义，学界应以现实为滋养，继续推进系统性研究，以此促进生态文明制度体系建设的完善。

三、研究价值

习近平总书记站在中华民族永续发展的高度,汲取中外历史上人与自然相处的正反两方面经验,从目标、制度、措施、原则等方面系统论述了人与自然的相互关系,为中华民族的永续发展和伟大复兴把握了前进方向,明确了行动指南。生态文明建设是关系人民福祉、关乎民族复兴的千年大计。党的十九届四中全会提出"坚持和完善生态文明制度体系,促进人与自然和谐共生"的重要指示,充分体现了党中央从战略高度极端重视生态文明制度体系的建设和发展,为生态文明制度体系研究和建设提供了前所未有的契机和不可或缺的制度保障。所以,如何从生态文明建设的理论资源中凝练出指导制度实践的思想、理念和原则,从历史经验中总结出助益制度有效运行的方式方法,系统搭建起具体实践中促进生态文明制度安排有效运行的宏观指导思路与微观运行机制,就成为探讨生态文明制度建设的迫切任务。

（一）理论价值

其一,有助于马克思主义生态文明思想的丰富和发展。马克思虽未明确提出生态文明理论,但生态文明思想一直贯穿其思想始终。马克思主义生态文明思想的建构基于马克思主义经典文本、代表人物、生态实践等,蕴含人、自然与社会关系,生态文明、其他文明、人的全面发展的关系,生态文明建设的多样化路径等基本范畴。马克思主义生态文明思想是中国特色社会主义生态文明制度体系得以建构和发展的理论基石。中国特色社会主义生态文明制度体系研究,尝试将生态文明理论制度化、体系化,丰富和发展了马克思主义生态文明理论,增强了马克思主义生态文明理论的时代引领力和价值感召力。

其二,有助于中国特色社会主义理论体系的完善与发展。中国特色社会主义理论体系生成于我国社会主义建设实践的长期探索中,是对社会主义发展道路、理论、制度和文化认识的一种理论升华。生态文明制度建设既是中国特色社会主义理论体系的重要组成部分,也是彰显中国特色社会主义创新发展及其制度优越性的"时代窗口"。生态文明制度建设作为中国共产党带领中国人民自主探索马克思主义中国化的创新成果,从历史演进上看,体现了马克思主义的生态思想向中国马克思主义生态思想的历史性转变;从国际意义上讲,生态文明制度建设为人类社会破解长期以来人与自然的矛盾关系,提供了社会主义的中国智慧和中国方案,为开辟一种人与自然共生的永续发展道路提供了切实可行的中国经验和中国样板。所以,系统研究生态文明制度建设,既是丰富、发展中国特色社会主义理论体系的题中之义,也是证明中国特色社会主义制度优越性的题中之义。

其三,有助于生态文明制度体系研究框架的补充与发展。党的十九届四中全会提出生态文明制度体系这一重大理论与实践课题,需要学术界予以回应与审视,探索"生态文明制度体系"研究的阐释原则和分析框架。运用历史与逻辑相统一的分析方法,遵循实践—理论—实践的研究理路,梳理中国特色社会主义生态文明制度体系时空发展脉络,总结中国特色社会主义生态文明制度体系的发展经验,探索中国特色社会主义生态文明制度体系的建构路径,有助于补充与发展生态文明制度体系研究的分析框架。

(二)实践价值

其一,有助于为政府的生态文明建设提供决策依据。归纳并总结出生态文明制度体系建设进程中存在的不足和如何使其顺利开展的对策,为决策者提供准确的信息,有利于决策者选准目标,提高决策的有效性。

其二,有助于建设美丽中国宏伟目标的实现。党的十八大以来,党和国家确立了建设"美丽中国"的现代化建设宏伟目标。"美丽中国"是生态文明建设的重要价值判断和价值旨归,是新时代人民日益增长的美好生活需要在生态领域的价值投射,也是人民对美好生态环境的诉求在理想层面的凝练表达,其中蕴含着加快生产发展与改善人民生活质量、经济可持续进步与生态环境改善等诸多关系的协调实现,并最终以提升人民的幸福感和获得感为归宿。如何将"美丽中国"的价值"写意",真正落地为构建生态文明建设的行动"写实",必须依靠一系列规范化、科学化、有序化的制度安排来保驾护航。

其三,有助于推进国家治理体系和治理能力现代化。习近平总书记曾明确指出,从人类文明发展史上看,没有任何一种国家制度的治理体系和治理能力能够像中国特色社会主义制度那样,在短短几十年的历史时期中就创造出经济快速发展和社会长期稳定的令人瞩目的奇迹[①]。从马克思主义对国家本质的阐述上看,国家治理既是一个国家存续与发展的基石,也是评价国家制度优越与否的重要依据。以马克思主义为指导的中国特色社会主义的巨大优越性,正在通过其不断迈向现代化的治理能力和治理体系得以彰显。其中,生态文明制度建设既是其中国特色的鲜明表征,也在构建人与社会、人与自然和谐关系的维度上,提供了一种不同于西方资本主义现代化道路的中国方案。

---

① 习近平.习近平谈治国理政(第三卷)[M].北京:外文出版社,2020:124.

第一章　生态文明制度建设的宏观路径

宏观路径决定发展方向,是生态文明制度建设必须解决的首要问题。伴随改革开放的持续推进,我国生态文明制度建设取得长足发展,相关制度的顶层规划趋于完善,发展路径的宏观设计已初显成效。然而,生态文明制度体系的建设成果还有待巩固,经济、政治、文化、社会、生态等领域的协调发展亟须加强,各种社会主体分工不明造成的任务交叉、责任推诿等现象还依然存在,生产、分配、交换、消费等环节的割裂倾向还比较严重。对此,2018 年 5 月 18 日,习近平总书记在全国生态环境保护大会上的讲话中,明确提出了加快构建生态文明体系的总要求,为新时代生态文明制度建设指明了发展方向。以系统的视角进行当前生态文明制度建设的路径设计,必须在各领域的协同融入、各主体的整体联动、各环节的统筹并进等方面有所作为。

第一节　经济、政治、文化、社会与生态领域的协同融入

实现富强、民主、文明、和谐、美丽的社会主义现代化强国目标,需要全面协调物质文明、政治文明、精神文明、社会文明、生态文明的关系,各大领域全面提升、协同融入,为生态文明制度建设提供诸领域的整合力量。

一、经济领域为生态文明制度建设提供物质基础

党的十八届五中全会提出了绿色发展的理念,促进了经济领域与生态领域的有机统一。习近平总书记明确指出:"保护生态环境就是保护生产力,改善生

态环境就是发展生产力。"①这一理念深刻地揭示了经济发展与环境保护的辩证关系：用生态文明的理念指导经济发展,本质就是经济发展方式上的重大变革。

传统经济发展走的是"先发展,后治理"的老路,正在带来生态环境的严重破坏。美国学者约翰·贝拉米·福斯特曾对当前世界经济的增长速度进行了测算,指出："世界生产总量如果保持年均增长 3%,那将意味着每隔 23 年就要翻番的几何增长方式",这必将超出自然资源的生态极限,"在有限的生物圈内确保经济的无限增长"是不可能的。因此,按照传统的经济发展模式,"出现世界范围的生态灾难在所难免"②。对此,习近平指出,依靠传统经济发展模式,"即使实现了国内生产总值翻一番的目标……届时资源环境恐怕完全承载不了……经济上去了,老百姓的幸福感却大打折扣,甚至会有强烈的不满情绪"③。当前,统筹处理生态环境保护和经济发展的关系,坚持蹄疾步稳,推进生态优先和绿色发展的新路子,已成为扭转生态危机的迫切要求。

一是,大力发展生态经济,提高经济领域的绿色创新能力。首先,实现绿色发展,要把实施科教兴国战略和落实节约资源和保护环境的基本国策结合起来,促进经济绿色低碳循环发展。其次,要努力构建以市场为导向的绿色技术创新体系,加强对经济产品的绿色管理,用科技创新引领节能环保产业、清洁生产产业和清洁能源产业。比如,在发展生态科技的过程中落实生态科技的奖励机制,对于生态科技的研发给予政策与资金支持。最后,要在自然保护区、重要生态功能区、矿产资源开发区和大江大河流域建立生态科技监测体系,健全生态监测的指标体系,提高生态环境保护和监测的整体科技水平。

二是,大力发展绿色经济,推进自然资源和能源的节约利用。首先,要贯彻落实国家生态环境保护的基本政策,制定严格的用水、用地和用电管理制度,切实践行国家节水行动,把对水资源的节约利用纳入城市建设规划;其次,落实和细化城乡建设中的节能标准体系,有效降低化工业相关企业的能耗和物耗;最后,要把节能理念扩展到建筑行业,大力倡导绿色建材的使用,优先推广装配式建筑和绿色建筑的技术开发。

三是,大力发展绿色生产,加强对工业企业的污染管控和综合治理。首先,对于污染严重的城市,要加大钢铁、铸造、炼焦、建材、电解铝等产能的压缩力度,不影响正常经济效益的前提下实施污染物的排放限值;其次,对于排放高、污染

---

① 习近平.中共中央关于党的百年奋斗重大成就和历史经验的决议[N].人民日报 2021-11-17(1).

② （美)约翰·贝拉米·福斯特.生态危机与资本主义[M].上海:上海译文出版社,2006:74.

③ 习近平.关于全面深化改革论述摘编[M].北京:人民出版社,2014:103.

重的行业和企业,要优化能源结构和生产结构,淘汰老旧的机器设备和煤电机组,加快推进重点区域的升级换代工作;最后,对于具备改造条件的高污染煤电厂,要制定关停时间表,推动钢铁行业的超低排放改造。

二、政治领域为生态文明制度建设提供政策支持

生态环境的改善是关系党的使命宗旨的重大政治问题,我们党和政府历来重视生态环境的保护工作,已把节约资源和保护环境确立为基本国策,正式将可持续发展纳入国家发展总体战略。建设生态文明制度体系,始终离不开党和政府的政治领导。

就全球生态运动的演进进程来看,生态文明制度体系的建设不仅是一个关乎中华民族存续的自然问题,更是关乎国家持续稳定发展的政治问题。随着全球生态危机的加剧,20世纪80—90年代中期,环境保护局、地球之友、绿色和平组织和环境联盟等生态组织和生态政党纷纷创立,对西方政府的决策频繁施压,使生态问题日益成为敏感而重要的政治问题。此外,生态环境问题还在国际场域成为各国利益博弈的重要砝码,各个国家和地区为了自身的利益,在生态环保领域的竞争日趋激烈。西方发达国家为了实现资本利益的最大化,向全世界推行所谓生态帝国主义,以生态问题为借口对发展中国家妄加指责和发难。这一复杂的国际形势,客观上要求党和政府必须加强对生态文明建设的领导,切实维护我国在国际事务中的生态权益。

就国内而言,我国当前严峻的生态形势迫切需要加强政治的领导。近年来,我国经济的高速增长,已对自然资源构成较大消耗,据统计,我国的一次能源消费(包括煤炭和水电)、钢材和铁矿石、水泥、常用有色金属(包括精炼铜、精炼铝、锌锭、精炼铅、精炼镍、精炼锡)、纸和纸板、原木和人造纤维板、化肥、渔产品、国内物质消费量(DMC),以及主要污染排放物(包括二氧化硫、氮氧化物)、来自化石燃料燃烧的二氧化碳、其他温室气体(如甲烷)、生态足迹总量等指标,均占世界首位。[①] 生态系统不堪重负的局面日趋严峻,我国正面临着一场污染防治和生态环保的攻坚之战。要打赢这场战争,必须加强党的领导,加快转变政府职能,大力提高生态文明建设的治理能力。

一是,各地区、各部门必须坚决维护党中央的绝对权威和集中统一领导,把生态文明制度建设作为一项重要政治任务来抓,全面贯彻落实党中央的决策部

---

① 中国科学院可持续发展战略研究组.2014年中国可持续发展战略报告:创建生态文明的制度系[M].北京:科学出版社,2014:90.

署。地方各级党委和政府主要领导是相关行政区域生态环境制度建设的第一责任人,要对相关的生态环境工作负总责,切实做到生态环境工作亲自部署、生态环境重大问题亲自过问、重要环节亲自协调、有关生态环境的案件亲自督办,确保各级责任得到层层落实。此外,在生态文明制度体系的建设中,基层党组织与党员要发挥先锋模范作用,积极向公众宣传党和国家的生态环保政策与方针,积极参与生态环境保护活动,为广大群众树立榜样。

二是,各级政府要积极推行绿色行政,优化政府的生态环保职能,把建设生态文明的理念融入机构改革和公共事务的管理之中。首先,各级政府要建立和完善科学合理的政绩考核评价体系,作为领导干部和领导班子奖惩和提拔任用的依据。其次,要建立生态文明建设的责任机制,在生态环境保护的治理实践中不断完善生态保护问责机制、环境损害赔偿机制、生态环境突发事件和群体性事件的应急机制等。最后,各级政府要时刻关心和支持生态环境管理队伍的建设,培养敢干事、能干事的干部,加强对生态环保部门干部的培训。

三是,积极发展政治领域的协商民主,提升生态文明制度建设的民主化、规范化水平。生态问题的发生和解决,必然涉及多重利益的重新分配和多重权力的交叉配合,同时也需要社会不同利益群体的广泛参与和积极协商。这就要求我们大力推进生态文明建设过程中的协商民主,确保各级政协就相关生态环境问题积极献言献策,发挥民主党派的民主监督作用。此外,要充分保障广大群众享有对生态环境有关项目的决策参与权、知情权和批评权,从而调动广大人民群众参与生态文明建设的积极性、主动性和创造性。

四是,完善生态文明建设的法律法规和制度体系,加快生态文明制度建设的法制化进程。2013 年 5 月,习近平总书记在中央政治局第六次集体学习时的讲话中指出:"保护生态环境必须依靠制度、依靠法治"。① 只有实行最严格的制度、最严密的法治,才能为生态文明建设提供可靠的保障。因此,要把生态文明的制度建设和法治建设统一起来,形成环境监管和行政执法的合力。此外,要提高治理生态环境的水平,综合运用行政、市场、法治和科技等多重手段,推进生态环境保护更快进入市场化进程,吸引更多社会资本进入生态环保领域,动员全社会的力量助力打赢污染防治的攻坚战。

五是,积极实施应对全球气候变化的国家战略,推动建立公平合理、合作共赢的全球气候治理体系,构建人类命运共同体。首先,要旗帜鲜明地反对生态环

---

① 中共中央文献研究室.习近平关于全面深化改革论述摘编[M].北京:中央文献出版社,2014:104.

保领域的霸权主义,倡导建立公正合理的国际生态环保新秩序,逐步掌握我国在全球生态环保领域的主导权和话语权。其次,以"一带一路"建设为纽带,团结沿线各个国家和地区积极参与全球生态环保事业,成为全球生态环境保护的引领者和贡献者。最后,开展关于生态科技文化领域的国际交流与合作,批判地引进绿色生产和绿色消费的新理念和新技术,促进生态环保领域的新理念和新技术的消化与吸收。

三、文化领域为生态文明制度建设提供精神支撑

在生态文明制度建设中,文化起着重要的思想引领作用。具体而言,至少体现为以下三个方面。

首先,文化领域的创建活动为生态文明制度建设提供思想保证。理论是变革的先导。马克思指出:"一方面,人类作为自然的、肉体的、感性的对象存在物,与其他动植物相同,都是受制约、受限制和受动的存在物;另一方面,人类具有自然力和生命力,是能动的自然存在物,这些力量作为天赋、才能、欲望存在于人身上。"①这一论述指明,自然环境是人类生存与发展的基础,而人类作为能动的自然存在物,会对自然施加自己的影响。此外,恩格斯在《国民经济学批判大纲》中对人与自然的和解、人类自身的和解有如下论述:"然而经济学家自己也不知道他在为什么服务,他不知道,他的全部利己辩论只不过构成人类整个进步链条中的一环而已。他不知道它瓦解的一切私人利益,只不过是替我们这个世纪面临的大变革,即人类同自然的和解以及人类本身的和解开辟道路而已。"②这表明,要实现人与自然和解、人类自身和解,必然涉及思维方式的转变。马克思恩格斯关于生态文明的论述,为我们洞察人与自然关系的本质、建设生态文明制度体系提供了理论指导。

其次,文化领域的创建活动为生态文明制度建设提供方向指引。文化对人的思想行为起着潜移默化的作用。而生态文明思想一旦深入人心,必然会引导广大人民树立绿色健康的生活方式和消费方式,改变部分地区的奢侈浪费、影响生态可持续发展的乡风乡俗。从根本上讲,生态文明思想对于生态文明制度体系的指引,是广大人民思维方式和生活方式的根本变革。

最后,文化领域的创建活动为生态文明制度建设提供传播媒介。随着以移动通信技术的变革为核心的新科技革命迅猛发展,我国已经进入"互联网＋"时

---

① 马克思.1844年经济学哲学手稿[M].北京:人民出版社,2000:105.
② 马克思恩格斯全集(第1卷)[M].北京:人民出版社,1974:324.

代。纷繁复杂的信息通过各种传播媒介深刻地改变了广大网民的日常生活,这就需要加强对新闻媒体和新闻信息的文化管控,保证马克思主义生态文明思想在生态环保领域的话语权和影响力。

因此,生态文明制度体系的创建需要文化领域的密切配合,为生态文明制度建设提供思想助力。

(一)坚持以马克思主义生态文明思想为指导,开展形式多样的生态文明宣教活动。要加强马克思主义生态文明思想的理论转化,用深入浅出的生态理论影响人;要加强习近平生态文明思想的理论学习与实践转化,用贴近实际的生态思想教育人;要加强生态环保英雄人物及其事迹的宣传推广,用切实生动的环保故事打动人。此外,要以倡导和践行社会主义核心价值观为核心,从国家、社会和公民三个层面加强生态文明思想的引领作用,创建美丽国家、绿色社会和生态环保新时代的新公民。

(二)坚持以精神文明建设为契机,倡导简约适度、绿色低碳的生活方式。生态文明制度体系的创建要随着生活方式的转变深入社会生活的不同空间领域,要深入落实节约型机关、绿色家庭、绿色学校和绿色社区的创建活动。此外,要做好生态文明制度体系的城乡一体化工作,深入落实美丽乡村建设。要把精神文明建设贯穿于农村生产生活的全过程,既打造美丽宜人的人居环境,又打造心有所依的绿色精神家园。倡导建立农村绿色经济、生态经济,围绕美丽新农村建设建立农村自然观光区、生态示范区和生态农业区,把农村生态环境的保护和农业生产、农村经济的发展统一起来。此外,要因地制宜变革乡风乡俗,旗帜鲜明地反对"天价彩礼",减少礼俗宴请的资源消耗和铺张浪费。

(三)坚持以正面的舆论引领为导向,坚决维护马克思主义生态文明思想的话语权威。首先,要加强生态环保先进集体和先进个人的新闻宣传,引导广大人民投入到蓝天保卫战和污染防治攻坚战的实际行动中。其次,以各种形式引导广大人民自觉学习马克思主义生态文明思想,积极采用新媒体、运用知识竞赛的方式提高大家参与生态文明治理的积极性,加大新媒体生态文明资源的整合力度,促进生态文明知识整合的准确性、系统化。最后,发挥新闻媒体的舆论监督作用,规范公众的舆论表达方式。新闻媒体要做好生态文明思想的舆论引导,旗帜鲜明地反对生态中心主义和生态霸权主义,引导公众参与生态文明治理,提高环保决策的透明度和公众参与度。

四、社会领域为生态文明制度建设提供行动助力

在党的二十大报告中,中共中央吹响了全面建成社会主义现代化强国,以中

国式现代化全面推进中华民族伟大复兴的新号角。在这一新的历史起点上,建设生态文明,坚持走生产发展、生活富裕、生态良好的文明发展道路,是中国式现代化的显著标识和题中之义。根据马克思主义的观点,生态文明建设不仅是人与自然关系问题的合理解决,更重要的是人与社会关系问题的改造。因此,建设生态文明制度体系,也要从社会领域入手,探索社会领域建设与生态领域建设的融合发展道路。

首先,从社会领域入手寻找建设生态文明制度体系的解决之道,是马克思主义人本学的理论要求。马克思从社会性的视角规定了人的本质属性,指出:"人的本质不是单个人所固有的抽象物,在其现实性上,它是一切社会关系的总和。"①因此,人的发展离不开社会关系的制约。马克思和恩格斯在《共产党宣言》中指出:"代替那存在着阶级和阶级对立的资产阶级旧社会的,将是这样一个联合体,在那里,每个人的自由发展是一切人的自由发展的条件。"②推动社会领域的全面建设以促进个人的全面自由发展,是马克思主义的核心价值指向。而生态环境的可持续发展,正是整个人类自由而全面发展的根本前提和自然基础。

其次,从社会领域入手寻找建设生态文明制度体系的解决之道,是解决当前社会主要矛盾的必然要求。习近平指出:"现在,随着我国社会主要矛盾转化为人民日益增长的美好生活需要和不平衡不充分的发展之间的矛盾,人民群众对优美生态环境需要已经成为这一矛盾的重要方面,广大人民群众热切期盼加快提高生态环境质量。"③因此,从社会领域入手,着力解决人民最关心、最直接、最现实的生态环境问题,既是我们党的使命所在,也是建设生态文明制度体系的必然要求。

最后,从社会领域入手寻找建设生态文明制度体系的解决之道,是创新社会治理的客观要求。当前我国因生态环境问题引发的社会矛盾时有发生,而社会矛盾的解决也只有在协调和处理社会关系的过程中加以解决。党的十九大报告指出:"加强社会治理制度建设,完善党委领导、政府负责、社会协同、公众参与、法治保障的社会治理体制。"④强调社会协同,凝聚社会力量,打造共建共治共享的社会治理格局,可以为建设生态文明制度体系提供社会助力。

为此,社会领域必须在以下三个方面实现突破。

---

① 马克思恩格斯选集(第1卷)[M].北京:人民出版社,2009:501.
② 马克思恩格斯文集(第1卷)[M].北京:人民出版社,2009:53.
③ 十九大以来重要文献选编[M].北京:中央文献出版社,2019:449.
④ 习近平.决胜全面建成小康社会 夺取新时代中国特色社会主义伟大胜利——在中国共产党第十九届全国代表大会上的报告[M].北京:人民出版社,2017:49.

（一）以马克思主义生态文明思想为指导，增强广大人民的节约意识、环保意识和生态意识，把建设美丽中国变为全体人民的自觉行动。每个社会成员都是生态环境的保护者、建设者和受益者。同样，没有哪个人可以免受生态环境恶化的负面影响。因此，要建立和完善生态道德理念的教育机制和行为准则的规范机制，把马克思主义人本学和习近平生态文明思想内化于心、外化于行。此外，要加强绿色生活方式和消费方式的知识宣传与普及，促使社会成员深入理解生态文明建设的必要性和重要性。

（二）以开展全民绿色行动为契机，提高全体社会成员的参与意识、行动意识和奉献意识，把资源节约型社会和环境友好型社会的建设转化为整个社会领域的公共事务。为此，要加强基层环保组织建设，使之成为生态文明制度建设的组织骨干。要以提升行动力为核心，突出生态保护行为的落实，强调诸社会构成要素，如企业、农村、机关、学校、科研院所、街道社区和社会组织等基层党组织要做好生态文明思想的宣传工作，发挥基层党组织及其成员的先锋模范作用和示范作用。以基层党员为先锋，做好绿色社会的志愿服务工作，带动整个社会参与到绿色行动中来。

（三）以打造共建、共治、共享的生态治理格局为目标，培养广大村民的建设意识、治理参与意识和分享意识，把建设生态文明制度体系深入到创建乡村绿色发展的具体实践之中。首先，要加快构建以绿色生态为导向的农业生产体系，改变过往过度依赖资源消耗和化肥投入的发展模式，真正实现农业生产的投入减量、生态过程的清洁和生产废料的循环利用。其次，建设自治、法治、德治和生态治理相结合的乡村治理体系，把建设生态文明制度体系融入乡村治理体系，推动乡村生态治理和公共环保服务向基层下移。最后，培养新时代农民的生态意识和环保意识，以倡导社会主义核心价值观为核心逐步实现移风易俗；对于生存条件恶劣、生态环境脆弱的村庄市镇，要加快步伐，有序实施生态移民搬迁和生活的基本保障。

五、生态领域是生态文明制度建设的核心载体

生态文明制度建设必须立足于生态环境的客观实际。马克思认为，自然界深刻影响社会生产力，"撇开社会生产的不同发展程度不说，劳动生产率是同自然条件相联系的"[1]。忽视对生态环境的关注，社会生产力和生产关系就会遭到破坏，生态文明制度建设也难以实现。建设生态文明制度体系，必须坚持生态环

---

① 马克思恩格斯全集(第 23 卷)[M].北京：人民出版社，1972：560.

境的核心地位,从生态环境的实际出发建构科学合理的制度体系。

首先,改变生态环境现状是建设生态文明制度体系的直接目标。习近平总书记在《推动我国生态文明建设迈上新台阶》一文中指出:"我国环境容量有限,生态系统脆弱,污染重、损失大、风险高的生态环境状况还没有根本扭转,并且独特的地理环境加剧了地区间的不平衡。"①这就要求我们必须把生态文明制度体系的建设看作一项长期性、艰巨性的任务,时刻关注生态环境的客观实际,制定出具体的应对策略和制度体系。

其次,增进民众健康福祉是建设生态文明制度体系的必然要求。保障民生,是一切建设的根本宗旨。生态环境的改善与群众的身体健康息息相关,越来越受到广大群众的广泛关注。此外,生态环境的改善,不仅是当代人可持续发展的问题,更是中华民族永续发展的需要。

再次,构建人类命运共同体是建设生态文明制度体系的重要内容。关注生态领域、建设生态文明制度体系,是基于对资本主义"先污染、后治理"模式的深刻反思。西方发达国家不仅在工业化的进程中严重影响了本国的生态环境,而且在全球化深入发展的过程中把本国的生态环境问题转移到了广大发展中国家,间接地造成了发展中国家人与自然关系的紧张状态。因此,建设生态文明制度体系是中国推动构建清洁美丽的人类命运共同体的伟大探索,同时也是中国向其他国家和地区展示生态文明建设成果的重要平台和契机。

基于人与自然关系的反思,习近平总书记已明确提出"我们既要绿水青山,也要金山银山。宁要绿水青山,不要金山银山,而且绿水青山就是金山银山"②的生态理念。在这一理念指引下,人们与生态环境的交往必须遵循发挥主观能动性与尊重客观规律相统一的原则。

(一)在改造自然的实践中遵循自然规律。生态环境有其自身发展的内在规律,不以人的意志为转移,建设生态文明制度体系需要在生态环境原有发展轨道上进行。一旦人在改造自然的实践中破坏自然规律,生态文明最终会偏离发展预期,"每一次,起初确实取得了我们预期的结果,但是往后和再往后却发生完全不同的、出乎预料的影响,常常把最初的结果又消除了"③。要承认自然本身所具有的生态价值,遵循自然运行规律,发挥自然本身化解生态风险的能力,在生

---

① 十九大以来重要文献选编[M].北京:中央文献出版社,2019:445.
② 中共中央文献研究室.习近平关于社会主义生态文明建设论述摘编[M].北京:中央文献出版社,2017:21.
③ 马克思恩格斯选集(第3卷)[M].北京:人民出版社,2012:998.

态环境健康发展的基础上建设生态文明。

（二）在认识把握自然规律基础上充分发挥主观能动性。发挥主观能动性是认识和掌握生态规律的必要条件，面对自然，人需要能动地认识生态环境，并在尊重客观规律的前提下改造自然，追求生态效益、经济效益等多方效益的提升。通过发挥自身的主观能动性，用正确的理论指导实践，在依法保护与合理开发的有机统一中合理界定和发挥生态资源的最大价值，不断充实和优化生态文明制度建设的时代内涵。

第二节　政府、企业、社会组织和公众等主体的整合联动

构建合理有序的生态制度体系，离不开各个参与主体的携手努力。党的十九大报告指出："构建政府为主导、企业为主体、社会组织和公众共同参与的环境治理体系。积极参与全球环境治理，落实减排承诺。"①这就为生态文明制度体系的主体联动指明了方向。

加强生态文明制度建设，必须坚持统筹兼顾、综合治理的方法论原则。一方面，任何系统都是由诸多要素组成，要素是构成系统的原初基础；另一方面，要素又离不开系统而独立存在，系统对各要素具有决定作用。这就要求我们既发挥各个主体的积极主动性，致力于生态环境保护的大局；同时又要协调处理好各个主体的互动关系，做到"十个指头弹钢琴"，促成生态环境保护的"大合唱"。

习近平指出："要从系统工程和全局角度寻求新的治理之道，不能再是头痛医头、脚痛医脚，各管一摊、相互掣肘，而必须统筹兼顾、整体施策、多措并举，全方位、全地域、全过程开展生态文明建设。"②这就明确了生态文明制度建设的各主体的联动关系。各个主体都要维护全国生态环境治理"一盘棋"大局整合各自力量，形成生态文明建设的整体合力。

一、政府：生态文明制度建设的主导力量

生态文明制度建设涉及多重利益关系，需要公共权力的高屋建瓴、统筹安排。地方各级政府作为公共权力的主要执行者，在生态文明制度建设中发挥主导作用。

---

① 十九大以来重要文献选编［M］.北京:中央文献出版社,2019:36.
② 十九大以来重要文献选编［M］.北京:中央文献出版社,2019:452.

首先,政府是生态文明制度建设的领导者。生态环境治理作为社会治理的重要领域,必须始终坚持政府的主导地位。政府具有的强制性力量和主导性力量是其主导地位的功能体现,而生态文明建设涉及的领域多、范围广、利益杂,客观上也要求政府发挥其领导效能,确保生态文明制度建设的有序进行。

其次,政府是生态文明具体制度的制定者。制度与法律不同,并不具有法律上的强制性。但是在引导生态道德和生态行为方面,制度往往具有不可替代的作用。而制度的制定与执行唯有公共权力的保障方能顺利进行。在参与生态环境治理的诸多主体中,政府既制定生态文明制度体系,又运用公共权力保证制度的贯彻执行,还通过公共权力对参与生态治理的主体进行评估与实施奖惩。

再次,政府是生态文明制度建设的协调者。其他主体的行为均受自身阶层利益的驱使,往往狭隘而短视,而政府作为全体社会成员利益的代表者,能够从人民全体利益的角度出发进行宏观调控,理顺复杂的利益纠葛,通过化解主体矛盾,实现生态文明建设各种力量的整合。

最后,政府是生态文明制度建设的监管者。习近平指出:"我国经济已由高速增长阶段转向高质量发展阶段,需要跨越一些常规性和非常规性关口。这是一个凤凰涅槃的过程。"[①]而这一时期,也可能是生态道德滑坡和生态行为混乱的高发期。这就需要政府对其他主体的生产和生活行为进行监管,引导各主体树立绿色文明的生态道德,践行可持续发展的生态行为。

明确政府在建设生态文明制度体系的具体职能,就可以进一步探讨政府职能的实现路径。

(一)加快生态文明制度建设的法制化进程。首先,要进一步加快科学立法的步伐。生态环境保护法律法规的制定要突出节约优先、保护优先的原则,树立以自然恢复为主的方针,严守生态保护红线、环境质量底线和资源利用上线这三条红线。其次,要进一步贯彻严格执法的原则。令在必信,法在必行。在深入推进依法行政的过程中要全面贯彻行政执法责任制,真正做到有法必依、执法必严和违法必究,切实维护生态环境管理秩序和其他主体的生态权益。最后,运用多重举措确保其他主体严格守法。推进生态文明制度建设,要把依法治国和以德治国结合起来。既用严格的生态环境保护法律规范各主体的生产和生活行为,又用生态文明道德丰富社会主义核心价值观。

(二)不断提高生态环境的治理水平。要把生态文明制度建设和提高生态环境的治理水平结合起来。政府要运用行政、市场、法治和科技等多种手段,加强

---

① 十九大以来重要文献选编[M].北京:中央文献出版社,2019:448.

对生态领域的综合治理;因势利导转变政府的行政职能,为广大市场主体提供丰富多样的生态公共服务;充分运用市场化手段和机制,吸引更多社会资本进入生态环境保护领域;为市场主体提供生态环境领域的法律政策指导,提高市场主体的环境保护法律意识;循序渐进向其他主体宣传推广生态文明的科技知识,鼓励企业使用高科技、低污染的生产技术,鼓励广大市民选择消费生态产品和绿色食品。

(三)进一步推进政府优化关于生态领域的具体职能。在污染防治和生态治理方面切实转变和整合政府职能,为打好污染防治攻坚战提供战略支撑;强化生态环境保护和修护统一监管,牢牢把握生态保护的底线;政府生态环境部门要履行好职责,对生态环保领域的政策进行统一规划,对其他主体的生产和生活行为进行统一监测评估,对违反法律规定和生态环境保护制度的行为统一督查问责。

(四)继续推进生态环境保护综合执法队伍的建设。适应生态环境保护的新形势,打好污染防治攻坚战,需要落实减少层次、整合队伍、提高效率的原则,调整和优化干部队伍的职能设置,由单纯的管理职能向管理和服务并重的职能转变,为生态文明制度体系的建设提供坚强的队伍支撑。

二、企业:生态文明制度建设的主体力量

首先,企业作为国民经济的细胞,在推进经济发展方式的生态化和绿色化方面,始终是处于核心地位的建设力量。目前严峻的生态环境形势,与企业粗放的生产经营方式有关,与企业生态环境保护责任的缺失有关,更与企业没有成为生态环境保护的投资主体有关。这一客观现实迫切要求企业转变发展理念,改进生产方式,为生态文明制度体系的建设贡献力量。

其次,国有企业作为国民经济的主导力量和社会主义经济的重要支柱,是生态环境保护领域实质上的"排头兵",是生产公共生态产品、建设污染防治重大工程项目、推动国家环保技术创新的主力军,更是贯彻国家绿色发展理念、全面深化生态领域改革的突击队。习近平总书记在全国国有企业党的建设工作会议上强调:"使国有企业成为党和国家最可信赖的依靠力量,成为坚决贯彻执行党中央决策部署的重要力量,成为贯彻新发展理念、全面深化改革的重要力量,成为实施'走出去'战略、'一带一路'建设等重大战略的重要力量,成为壮大综合国力、促进经济社会发展、保障和改善民生的重要力量,成为我们党赢得具有许多新的历史特点的伟大斗争胜利的重要力量。"[1]在转变经济发展方式的关键期,需要有推动绿色生产的示范力量,更需要有践行生态环境保护的榜样。这一客

---

[1]　习近平谈治国理政(第2卷)[M].北京:外文出版社,2017:175.

观现实需要迫切要求国有企业成为建设生态文明制度体系的领头羊。

最后,企业既是进行生产活动的主体,也是消费过程的主体。企业进行生产的过程,与生态环境息息相关。企业在生产过程中积极减少自然资源和能源的消耗、减少污染物排放,对于建设生态文明制度体系意义重大;企业生产出的消费产品,与广大人民的健康生活息息相关。企业积极优化产品结构、生产生态产品和绿色食品,对于全面建成小康社会意义重大。

为了充分发挥企业在生态文明制度建设中的主体地位,必须致力于以下三个方面工作。

(一)企业要积极采用生态环保的生产技术,贯彻绿色发展理念,实现绿色生产。绿色生产技术的使用是生态环境保护的基础,企业要在展开生产计划前进行生态环境影响评估,及时淘汰落后生产技术,采用清洁能源进行生产,对生产过程中产生的废水、废气和残渣进行集中处理,做到绿色生产和安全排放。此外,在生产标准与排放标准方面,要积极与世界接轨,采用最严格的生产标准和排放标准,最大限度地合理配置和节约资源,减少生产行为对环境的影响,持续改善人类生存与发展的环境。

(二)深化国有企业改革,将国有企业打造成为提供绿色公共服务、落实国家生态环保政策的示范企业,推动国有企业成为构建清洁美丽的人类命运共同体的中坚力量。首先,国有企业要切实担负起生态文明制度建设的政治责任,加强绿色生产目标的组织领导和统筹规划,调整和优化产业结构、经济结构、能源结构,以"清洁、高效、低碳、循环"为总体目标,做好建设绿色国有企业的总体规划、行动计划和具体实施方案,坚持在生态环境保护上算大账、算长远账、算整体账和算综合账,推动形成绿色发展方式和生活方式,真正走以生态优先、绿色发展为导向的高质量发展新道路。其次,大力发展低投入、低能耗、低污染和高效益的"三低一高"产业,压缩淘汰高投入、高能耗、高污染和低效益的"三高一低"产业,优先采购和使用环保、节能和低碳的生产原料,持续加大地热、太阳能、风能、氢能等新能源的使用比例,优化能源消耗结构,努力成为节能减排的实践者和推动者。

(三)企业要积极参与环境保护的公益事业,承担相应的社会责任和生态责任。在承担社会责任方面,阿里巴巴集团的"蚂蚁森林"业务,彻底地改变了中国的沙漠化环境,堪称企业承担生态责任的典范。2016 年,支付宝推出一项绿色公益活动——蚂蚁森林。消费者通过支付宝进行线上线下的交易来收集能量,在能量积攒到一定数额后,消费者就可以领取一棵小树苗。而阿里巴巴集团将会统一将小树苗种植在沙漠中。相关数据显示,截至 2018 年 5 月底,蚂蚁森林的参与者已经达到 3.5 亿人,种植和维护树木达 5552 万棵,面积超过 76 万亩。

这一公益事业得到了国际社会和国际组织的肯定。2019 年 9 月 19 日,联合国为蚂蚁森林颁发了 2019 年"地球卫士奖"。其他企业也要学习和践行阿里巴巴集团积极承担社会责任、助力生态环保事业的行为,为生态文明建设贡献自己的力量。

三、社会组织:生态文明制度建设的协助力量

随着生态文明建设的持续推进,社会组织、政府和企业三者逐渐成为建设生态文明的重要力量,承担着建设生态文明的重任,发挥着生态文明建设的协助性力量。李文倩指出:"社会组织是以环境保护为主旨,不以营利为目的,没有行政权力并为社会提供环境公益性服务的民间组织。"[①]这就为确立社会组织的活动内容指明了方向。

首先,环保组织历史悠久,生态文明制度建设需要环保组织的积极参与。环保社会组织在我国有着悠久的发展历史。1978 年 5 月,中国环境科学学会成立,这是我国最早的环保社会组织。从 20 世纪 90 年代起,大量的环保社会组织在我国兴起,开展了大量的生态环境保护和宣传教育活动。环保社会组织在协助政府环保部门进行生态环境保护的过程中有着重要的意义。一方面,政府在制定环保政策的过程中需要征求大量专业意见,而环保社会组织的有效参与是保证政府决策科学合理的前提条件之一;另一方面,政府生态环境监管部门无法对各主体的生产和生活行为进行全面的检测与管理,这就需要社会组织发挥社会力量,协助政府参与生态环境保护的监管工作。

其次,环保社会组织的平台优越,生态文明制度建设需要环保组织发挥纽带作用。党的十九大报告指出:"打造共建共治共享的社会治理格局。加强社会治理制度建设,完善党委领导、政府负责、社会协同、公众参与、法治保障的社会治理体制,提高社会治理社会化、法治化、智能化、专业化水平。"[②]这就明确了环保社会组织协同其他市场主体、共同助力环保事业的地位和角色。因此,需要发挥环保社会组织作为沟通信息和协调各方的桥梁和纽带作用,把政府生态环保职能部门和广大的公众连接起来。一方面,环保社会组织可以将公众对于生态文明制度建设的疑问与意见搜集起来,为政府环保部门的科学决策提供信息支撑;另一方面,政府环保部门也需要环保组织把政府决策细化为公众易于接受、方便实行的具体方案,真正把政府的决策转化为广大公众的实际行动。

[①] 李文倩.环境非政府组织对中国社会发展的影响[J].决策与信息,2013(4).
[②] 习近平.决胜全面建成小康社会 夺取新时代中国特色社会主义伟大胜利——在中国共产党第十九届全国代表大会上的报告[M].北京:人民出版社,2017:49.

　　再次,环保组织受众广泛,环保领域的民事诉讼需要专业环保组织的有效介入。 2014 年,新修订的《环境保护法》对拥有提起环境民事公益诉讼条件的社会组织做出了明确界定。随后,最高人民法院作出司法解释,专门规定了环境民事公益诉讼的具体程序。根据规定,提起环境民事公益诉讼的主体包括有权提起诉讼的机关和组织,当生态环境领域发生民事诉讼案件时,公民个人的合法诉求需要借助环保组织的专业资质进行表达,这就使得环保组织能够成为生态环境污染的原告主体,有效地维护公众在生态文明领域的合法权益。

　　环保组织的独特地位和专业资质,客观上能够融入生态文明制度建设,激发出自身的应有职能。

　　(一)要多管齐下,提升环保组织参与生态文明制度建设的能力。作为连接政府环保部门和广大公众的纽带,环保社会组织需要做好以下工作,以继续提高自身的能力和水平:一是推进专业化,充分利用环保社会组织的公益性特征吸引环保领域专业的专家、学者和大学毕业生加入;二是提高自治性,环保社会组织要按照生态文明制度建设的宏观要求,拟定组织活动的运行制度、财务管理制度、信息公开制度、环保志愿服务制度等;三是加强行业联动,政府环保部门要鼓励环保社会组织成立自己的行业协会,切实改变目前环保社会组织力量相对分散的局面,达成环保社会组织跨组织、跨行业、跨地域的合作机制与交流机制,形成环保社会组织的行动网络与组织网络。

　　(二)要循序渐进,完善环保组织参与生态环境保护的法规体系。环保组织的活动与行为需要依照一定的法律法规与规章制度实行。为此,需要建立和健全生态环保组织活动的制度体系,同时依法取缔非法环保社会组织从事违法活动,定期检查环保社会组织的资质与资金来源,确保环保社会组织活动的社会主义方向。此外,还需要做到以下几点:一是明确主体的法定权利,对于环保社会组织的诉讼权益作出完善的司法解释;二是建立和健全奖惩机制,要定期对环保社会组织的活动行为、资质有效期限和服务效果进行评估,支持依法运营的环保社会组织快速发展,及时淘汰服务质量差、信誉不足和规章制度不完善的社会组织,以此引导环保社会组织树立正确的发展观念和价值取向。

　　(三)要积极沟通,探索政府环保部门与环保社会组织的合作机制。生态文明制度体系的建设是一项系统工程,需要着眼于构建政府、企业和社会组织共同参与的环境保护大格局,就强化环保社会组织的参与意识、健全环保社会组织的参与机制做好四方面的工作:一是要严格制定环保社会组织的准入和监管制度,增强它们的规范性和标准化活动;二是协调好政府环保部门与环保社会组织共同进行生态环境的监测活动,履行和完善好生态环境监测职能;三是加强环保知识的专业培训,依托高等院校和科研院所切实提升环保社会组织的环保技术和环保水平。四是加大对环保社会组织的资金投入,确保其有效运作与功能的发挥。

四、人民群众:生态文明制度建设的动力源泉

首先,普遍的公众参与是生态文明制度建设的强大后盾。人民群众是国家的主人,有权依法参与国家各项事务的管理。因此,建设生态文明制度体系,需要发挥人民群众的主人翁意识,依赖公众对生态环保事业的积极参与。从人与自然共存共荣的角度来看,人民群众既是社会活动的中坚力量,也是社会发展的根本力量。但是人在进行生产活动的同时,也会受到自然规律的制约。我们可以在遵守自然规律的条件下,充分发挥人的主观能动性,从而有目的地、有计划地改造客观世界。让更多的公众参与到生态文明制度体系的建设中来,有利于生态环保领域的决策民主化,同时也有利于加深公众对生态文明制度体系的理解,从而达到最终维护广大群众的生态权益和发展权益的目的。

其次,普遍的公众参与是生态文明制度建设的迫切需要。当前公众参与生态文明制度建设的法律环境尚不完善,仍缺乏有效法律法规的规范与引导。此外,目前更多地强调了公众参与生态文明建设义务的宣传,而没有把保障生态环保的权利和义务统一起来。因此,公众合法的生态权益无法得到有效保障。这就进一步加剧了与生态环境权益相关的群体性事件频发。因此,建立生态文明公众参与的制度与机制势在必行。

最后,当前公众参与生态文明制度建设的能力仍有待提升。就公众个人而言,当生态权益受到侵害时往往显得势单力薄、影响有限。在涉嫌污染的企业面前,公众的维权成本高昂,维权成功率也低。但是长远来看,公众参与生态环境治理的比例与影响程度,一定程度上也正是整个国家治理水平的反映。因此,有必要从根本上寻求提高公众参与生态文明制度体系能力的解决办法。

因此,充分发挥公众参与生态制度建设的重要作用,必须着力于以下几方面工作:

(一)加强公众参与生态文明建设的法规建设,切实维护公众的生态权益。一是建立和健全公众参与的激励机制。倡导建立政府、企业和公众平等交流与对话平台,开设多种新媒体拓宽公众参与渠道,完善地方生态违规的巡视制度,完善公众对企业违反生态环保法律法规的监督举报制度。创新工作方式方法,激励公众主动参与生态环境保护活动,有序举报相关违法行为。二是完善生态文明建设领域的资源共享、信息交流和平等对话制度。生态环境的污染与恶化

往往影响诸多行政区域,大气污染、水污染的影响范围往往可以遍及全国。这就需要加强区域间生态环保的交流与合作,建立全国性的生态环保预警、监测和保护机制,对全国的环保资源进行统一调配。三是建立和完善生态文明的志愿者活动制度、生态文明宣传教育制度,高等院校在组织大学生进行志愿者服务方面进行了有效探索。应建立公众参与生态环保志愿活动的积分制度,完善积分的细化与考核机制,对于积分靠前的市民给予绿色出行、绿色购物等方面的支出补贴和消费减免政策。

(二)加强公众参与生态文明建设的扶持力度,切实提高公众的参与能力。2014年,环境保护部出台了《关于推进环境保护公众参与的指导意见》,为提高公众参与生态环境治理的能力提供了政策支持。这一政策明确提出,在环境法规、政策规划和标准的制定、修改过程中,应依法在政府和环境保护行政主管部门门户网站、当地主流媒体上公布草案,通过召开座谈会、论证会和听证会等形式,公开征求公众的意见,同时对公众意见的采纳情况及时予以公布。需要注意的是,有法律方面的保障还不够,还需要切实提高公众的参与能力。因为宪法赋予公民有充分的参与权利,但并不是所有的公民对现有政治事务都感兴趣,并不是所有的公民都具有参与政治的技能和知识。[1] 建议针对特定的生态环保法规对公众进行普法宣传,通过模拟法庭等形式对公众进行法制教育,提高公众的参与能力。

(三)完善公众参与生态文明制度体系的奖励机制,切实提高公众参与生态环境治理的积极性和参与度。公众积极参与生态文明制度体系的建设,很大程度上归因于相关的奖励评价机制。因此,探索公众乐于参与、反复参与的奖励评价机制,是提高公众参与生态环境治理的重要途径。一方面,要为生态文明制度体系的奖励考核机制确立科学规范与可操作的细节。政府生态环境管理部门要根据产业、行业和从业人员的差异特征,制定可供实现的奖励考核机制,定期组织专家、环保社会组织和广大公众参与考核结果的评审,同时按照政府环保年度规划制定次年的环保活动细则与奖励设置,为公众参与生态环境治理提前做好准备。另一方面,做到政府、企业和环保社会组织制定的奖励机制有主体差异、有层次区分和各自的目标指向。政府的奖励机制可以面向大型化工企业,将采用清洁能源、减少污染排放等指标纳入考核奖励范畴,引导企业实现绿色生产和减少污染排放的目标。环保社会组织的奖励机制可以聚焦在提供切实可行的生态环境保护的志愿服务项目上,引导公众积极参与环境保护的志愿服务,提高公

---

① 魏星河.当代中国公民有序政治参与研究[M].北京:人民出版社,2007:249.

众的参与积极性,加深环保参与活动的幸福体验和成就感。公众参与社区、环保社会组织的志愿服务项目,需要针对个人的具体行为,制定相应的奖励机制。要设置易于理解、流程简单和能够实现的生态环保奖励机制,比如生态文明社区的构建可以从公众的日常生活抓起,公众通过提供绿色出行的相关凭证可以获得环保编织袋一个,这样就可以形成公众自愿并反复参与的环保循环模式。

五、新闻媒体:生态文明制度建设的展示窗口与宣传阵地

2014年修订的《中华人民共和国环境保护法》对新闻媒体在参与建设生态文明制度体系的角色和地位作出了法律规定:"新闻媒体应当开展环境保护法律法规和环境保护知识的宣传,对环境违法行为进行舆论监督。"这就需要在建设生态文明制度体系的进程中切实发挥好新闻媒体的功能,探索可行的行动方案。

新闻媒体在生态文明制度体系的建设中拥有丰富多样的传播媒介形态。一方面是主流的传播媒介,如电视、报纸、广播和杂志等;另一方面是新型传播媒介,如网络、移动流媒体和视频流媒体等。

新闻媒体在生态文明制度体系的建设中有着不可替代的功能价值。一是信息传播功能。信息的传播是新闻媒体的基础功能,在生态文明信息和知识的传播过程中,新闻媒体可以将政府倡导的生态文明制度体系与其他环保常识及时准确地传达给公众,充分满足公众参与生态文明制度建设的求知欲,从而达到用生态文明知识武装人的目的。二是政策传达功能。新闻媒体可以将政府环保部门的生态文明法律法规、政策制度及时传达给公众,提高政府政策信息的公开度和透明度。此外,还可以把中国建设生态文明制度体系的成果展示给全世界,提升我国在生态环保领域的国际形象。三是生态道德和生态行为的舆论引导功能。新闻报道有着强烈的价值指向,在深入贯彻落实习近平生态文明思想的过程中起着价值宣导的"旗令兵"作用。此外,新闻媒体通过对违规企业和生态违法行为进行报道,可以引导企业和公众树立生态文明的生产方式和生活方式。四是新闻监督功能。企业和公众往往惧怕自身的违法行为遭到曝光,而新闻媒体广而告之的特征正可以起到新闻监督的作用,用新闻监督倒逼生态文明制度体系的落实。五是沟通民意的功能。新闻媒体可以为企业和公众提供方便快捷的表达渠道,诸如网络新闻媒介、手机新闻媒介的交流和分享功能,可以加快生态文明制度信息的传播和分享速度,真正使生态文明制度的政策解读飞入寻常百姓家。

目前新闻媒体在传播生态文明制度体系内容的过程中仍存在诸多短板,迫切要求进行新闻媒体领域的革命,以适应生态文明建设新形势的需要。这主要

表现在以下几个方面:一是不少新闻媒体在栏目的设置上仍存在重宣传轻内容、栏目单一和传播理念相对落后的问题。二是在采用新技术方面,仍然注重传统新闻媒体的传播技术,对新兴新闻媒体的利用率仍有待提高。三是在新政策的传播普及方面,新闻更新的速度较慢、反馈机制不完善。这些问题需要在参与生态文明制度体系的建设中加以克服,从而提高新闻媒体的整体参与能力。

促进新闻媒体充分发挥特有的功能与作用,克服当前的诸多不足,需要做好以下工作。

(一)根据党和国家建设生态文明制度体系的规划部署,打造传播和介绍生态文明的新栏目。这需要具体做好三方面的工作:一是继续巩固和突出现有新闻栏目的特色,树立生态文明新媒体的品牌。如《生态周刊》中的"绿色焦点"和"绿色家园"等栏目,要继续发挥其核心影响力,积极回应生态环境保护的热点问题和群众关心的环保事业进程。二是结合生态文明新形势、新情况和新任务,挖掘新的生态环保新闻栏目。对于内容相似的多种新闻栏目,要做好栏目的整合和优化工作,适时推出生态文明制度建设的专题报道,做到新闻线索的一目了然和持续跟进。三是立足大众需求对报道内容进行平衡。目前大部分生态文明类的新闻栏目往往以正面报道为主,缺少对违法违规行为的揭露报道和发掘式报道。在新时代的背景和传播环境下,生态文明建设的议题更具争议性和复杂性,公众接收信息的渠道多元化、全民环保诉求多、中外生态新闻交叉冲突趋势愈发明显。因此,需要根据受众需求调整新闻栏目,以正面报道为主,定期上线关于生态文明建设的揭露报道和记者暗访式报道,负面报道要坚持警示教育的总体方向;要做好全球生态文明活动的栏目展示,既在全球范围内明确自己的位置,又可以通过展示我国进行生态环境保护的典型案例提振公众参与生态文明制度建设的信心。

(二)加深与环保社会组织的交流与合作,增设环保公益广告的比例,以彰显人文关怀。生态公益广告是对生态文明建设新闻报道的有效补充,能够打破商业娱乐广告一家独大的现状,更加贴近公众对于环保成果的展示需求。同时,也可以把违反生态法律法规的企业进行集中披露报道,从而强化企业和公众的环保意识和危机意识。此外,新闻媒体要向公众推介环保社会组织参与生态文明建设的成果,展示公众积极参与生态文明制度建设的典型案例。

(三)建立生态文明新闻报道的反馈机制。在探索完善生态环保类新闻的反馈机制时,可以用追踪报道的形式倒逼有生态环保问题的企业实现快速整改。此外,可以跟进有关问题的后续报道,以保证新闻栏目的完整性与连续性;可以增加公众或读者反馈意见的后续报道,持续跟进相关企业对生态问题的整改进程,对于没有及时进行整改的企业要继续进行严厉监督,同时联合地方环保部门介入调查,使生态文明的新闻报道真正做到有始有终。

第三节　生产、流通和消费等环节的统筹并进

建设生态文明制度体系,还须牢牢统筹宏观经济运转的各个环节,使生产要素、分配要素、交换要素和消费要素相互衔接,实现经济社会发展与生态环境保护的互动统一。

首先,实现生产、分配、交换和消费环节的统筹并进,是贯彻和落实新发展理念、实现经济高质量健康发展的客观要求。建设生态文明制度体系,归根结底是"发展何种经济、如何发展经济"的问题。习近平指出:"生态环境保护和经济发展不是矛盾对立的关系,而是辩证统一的关系。生态环境保护的成败归根到底取决于经济结构和经济发展方式。"①因此,处理好生产、分配、交换和消费要素的关系,有利于调整和优化经济结构,转变经济发展方式,从而最终实现绿色发展。

如何处理好生产、分配、交换和消费要素的关系,习近平在《我国经济已由高速增长阶段转向高质量发展阶段》一文中指出:"从宏观经济循环看,高质量发展应该实现生产、流通、分配、消费循环通畅,国民经济重大比例关系和空间布局比较合理,经济发展比较平稳,不出现大的起落。"②这就为我们理解宏观经济循环的四个环节提供了政策指导。处理好生产、分配、交换和消费的辩证关系,是实现经济高质量发展的重要途径;而经济的可持续健康发展,既是生态文明建设的生态价值取向,又可以为生态文明建设提供物质基础。

其次,实现生产、分配、交换和消费等环节的统筹并进,是马克思主义政治经济学的理论导向。运用马克思主义政治经济学的分析方法,探索建设生态文明制度体系的具体路径,要求我们在唯物史观的基础上,对生产、分配、交换和消费的关系进行辩证梳理和分析。

马克思主义经典作家认为,政治经济学的研究对象是社会的生产和再生产。而社会的生产和再生产是由生产、分配、交换和消费四个环节构成的有机整体。在这个有机整体中,生产、分配、交换和消费的关系具体表现为:

---

① 十九大以来重要文献选编[M].北京:中央文献出版社,2019:406.
② 十九大以来重要文献选编[M].北京:中央文献出版社,2019:139.

（一）直接生产过程是社会再生产过程的逻辑起点,生产在社会经济的整体运行中具有决定作用。一是,生产决定着分配、交换和消费的对象。在宏观经济运行的四个环节中,生产环节是核心环节,产品只有被生产出来才能进入流通领域供其他生产者和消费者使用。马克思指出:"一切生产都是个人在一定社会形式中并借这种社会形式而进行的对自然的占有。"①二是,生产决定着分配、交换和消费的水平与结构。马克思指出:"一定的生产决定一定的消费、分配、交换和这些不同要素相互间的一定关系。"②生产力发展水平是衡量分配、交换和消费水平的根本标准,而生产力能够达到的高度则是流通和消费环节转型升级的关键。三是,生产的社会性质决定着分配、交换和消费的社会性质。这就要求我们实现生产力的高质量发展,必须始终坚持社会主义的性质和方向,做到发展为了人民,发展成果由人民共享。

（二）分配、交换和消费对生产具有反作用。一是,适应生产力水平的分配制度和方式,能够充分调动生产者的积极性,从而促进生产力的发展。马克思指出:"分配的结构完全决定于生产的结构。分配本身是生产的产物,不仅就对象说是如此,而且就形式说也是如此。"③二是,交换和流通的顺利进行,能够促进生产的发展。产品生产出来如果无法销售出去,就无法实现"惊人的一跃"。而产品一旦顺利进入流通领域且被销售出去,就可以实现生产力的再生产。三是,消费使生产出来的产品最终得到实现,消费能够为生产的发展创造动力。马克思指出:"生产直接是消费,消费直接是生产。"④生产出的产品只有得到消费者的认可,才能使供给与需求实现平衡,从而为生产的循环发展创造条件。

一、推动绿色生产成为普遍经济形态

首先,绿色生产可以引领生态文明制度体系的建设,为绿色发展提供根本动力。社会生产力的转型升级和绿色发展,可以催生发展观念的根本变革。马克思指出:"物质生活的生产方式制约着整个社会生活、政治生活和精神生活的过程。"⑤而生产力水平的快速发展,客观上要求绿色发展观的诞生,以构建和完善生态文明制度体系。改革开放 40 年来,中国的经济发展速度实现了质的飞跃。2019 年,中国经济总量接近 100 万亿元,人均 GDP 也将突破 1 万亿美元。与此

---

① 马克思恩格斯文集(第8卷)[M].北京:人民出版社,2009:11.
② 马克思恩格斯文集(第8卷)[M].北京:人民出版社,2009:23.
③ 马克思恩格斯文集(第8卷)[M].北京:人民出版社,2009:19.
④ 马克思恩格斯文集(第8卷)[M].北京:人民出版社,2009:15.
⑤ 马克思恩格斯选集(第2卷)[M].北京:人民出版社,1972:82.

相适应,绿色消费和健康生活理念也逐渐深入人心,饮食健康、锻炼健身也普遍成为广大群众追求的生活目标。

其次,绿色生产技术的运用和推广,生态环保材料的研发与采用,以及生态环保生产工艺的运用,为推动绿色生产、构筑生态文明制度体系提供了技术基础。比如,在材料科学领域,绿色合成材料和再生材料的使用,使"人们能够进入分子、原子调控、组装乃至自组装能力的材料和可再生循环、可自然降解的多样化生产生态环境友好的结构与功能材料"①。

最后,绿色生产可以实现经济发展的低能耗、低排放和低污染。推进低碳生产是当前可行的、可量化的绿色生产模式。运用生态文明制度体系,规范生产环节的能源消耗、污染排放数量,可以将企业的生产行为纳入政府可管控可量化的生产规划中,从而真正实现生产环节的绿色可循环发展。

做到生产环节的绿色发展,构筑生态文明建设的制度体系,要做好以下工作:

(一)从技术起点上注重工业生产的清洁化,发展绿色工业经济。2020年3月11日,国家发改委、司法部印发了《关于加快建立绿色生产和消费法规政策体系的意见》的通知,其中指出:"健全推行绿色设计的政策机制,建立再生资源分级质控和标识制度,推广资源再生产品和原料。完善优先控制化学品名录,引导企业在生产过程中使用无毒无害、低毒低害和环境友好型原料。"②这就为企业推进绿色设计、采用生态环保原料进行生产制定了具体的时间表,从而从制度上筑牢了绿色生产的框架。首先,要推动现有生态产业园区的绿色循环改造,不断对新建工业园区进行循环化改造升级。其次,在诸如矿产领域,建立和健全伴生矿、尾矿、工业"三废"、生产余热余电的综合利用政策。再次,对于电子元器件行业,要以可充电蓄电池、绿色能源汽车、可循环纸料包装物为重点,加快落实财政补贴和税费减免政策,强化生产者回收废弃物品的责任落实机制。

(二)坚定不移走乡村绿色发展道路,持续推进农业生产的绿色发展。走中国特色社会主义乡村振兴道路,在生产环节上需要实现农业发展的绿色化。习近平在《走中国特色社会主义乡村振兴道路》一文中指出:"走质量兴农之路,要突出农业绿色化、优质化、特色化、品牌化。"③这就为农业的绿色发展指明了方

---

① 梁燕君.21世纪技术创新的发展趋势[J].环渤海经济,2005(4).
② 国家发改委,司法部.关于加快建立绿色生产和消费法规政策体系的意见[EB/OL].https://www.ndrc.gov.cn/xxgk/zcfb/tz/202003/t20200317_1223470.html.2020-3-1.
③ 十九大以来重要文献选编[M].北京:中央文献出版社,2019:147.

向。首先,政府环保部门要建立和完善农业绿色发展的政策支撑体系,创新农业发展技术、健全农业标准体系、完善绿色农业帮扶政策体系,为农业的绿色发展提供政策支持。其次,推广使用科学施肥技术,用有机肥逐步替代化肥,实施化学农药的减量和替代计划;加大技术投入,推广和使用农作物病虫害绿色防控技术产品。再次,建立饲料添加剂和兽药的使用规范,做好病死禽畜的生态处理工作,避免造成二次生态环境污染。最后,因地制宜探索农业绿色发展的地方制度和农业技术合作交流机制,建立工作台账,督促清理和废止不适应绿色发展的农业生产标准和行业规范。

(三)促进服务业的绿色发展,为广大公众提供丰富多样的绿色公共服务。首先,政府环保部门在市政公共设施和城乡公共服务的规划、建设、运营和管理的有关制度的修订过程中,要全面贯彻落实绿色发展理念,切实提升绿色服务化水平。其次,要完善绿色物流的制度体系。建立和健全快递业务、电子商务和外卖跑腿业务的绿色包装、绿色运输等方面的法律法规体系,切实减少和限制商品运输过程中过度运输和一次性包装物品的使用。最后,要建立切实可行的奖惩机制,倡导使用可降解、可循环使用、对生态环境友好的包装材料、餐具和物流器具;做好垃圾的分类回收和处理工作,建立和健全再生资源的分类回收和利用体系。

(四)加强工业生产污染物的管控和治理水平,切实做到生产终端的清洁化。首先,政府环保部门要全面贯彻落实污染物排放许可制度,加快制定污染防治可行性的技术指南,在生产环节强化污染的治理和管控。其次,要加强落实工业生产、农业生产和服务业运营的生态文明标准,运用多重手段加强对生产环节的定期监测,真正做到生产环节少污染,减弱流通和消费环节的污染程度。

二、把握好生态文明制度建设的"流通关"

目前我国经济运行过程中的流通问题,迫切要求对流通环节进行全面变革。当前流通环节的问题主要表现在经济运行过程中的分配不合理、流通体制不健全、市场发展不良、消费需求不旺等现象,实际是一种综合的经济问题。[①] 因此,解决当前流通环节的种种问题,实现流通环节的绿色发展,要采取综合治理的方针,实现流通环节的高效绿色运行。

实现流通环节的高效绿色运行,建设生态文明的制度体系,然而,当前绿色金融制度方面仍存在诸多问题。2016 年 8 月 31 日,央行、财政部、国家发改委、

---

① 徐永平.关于转变经济发展方式的思考——马克思生产、分配、交换、消费关系理论的启示[J].理论研究,2011(5).

环保部、银监会、证监委、监委联合印发了《关于构建绿色金融体系的指导意见》，结合该《意见》出台以来的实施情况，绿色金融制度的健全和完善面临三方面的困境：一是在贷款人的环境法律责任方面，绿色信贷的受理者责任制度缺乏，从而使得信贷成为大家争取的目标，而绿色责任的落实则成为了不被重视的附属品。二是生态环境信息披露制度不完善，尤其是高能耗产业，诸如化工、有色、冶炼和医药等行业，往往采用"模糊化"的手法，掩盖污染环境的行为。如 2018 年上半年，深交所严肃处理的 ST 三维、罗平锌电等上市公司都有涉嫌存在未及时披露重大环境污染有关信息的行为，后者甚至被云南证监会立案调查。[①] 三是绿色发展基金支持未形成成熟统一的制度体系。虽然一些地方政府已尝试建立专项基金账户，为生态环保的公益诉讼和生态环境修复提供专项资金支持。但是，还未形成一套全国性的绿色发展基金支持系统。生态环境的保护急需专项资金的大量投入，而分配领域的资金流转效率直接影响到生态环境保护的有序进行。这就需要从资金分配入手，完善绿色金融制度，为生态文明制度体系的完善提供金融解决路径。

实现流通环节的高效绿色运行，建设生态文明制度体系，当前的短板还在于绿色流通体系仍不够健全。首先，在商品的仓储方面，维持仓库的运行需要大量的能源和资源投入，诸如大件商品、冷冻速食食品等，会消耗大量的电能和建材，目前绿色仓储的建设还未形成全国性的普遍潮流，而且地区差异明显。其次，商品包装与运输环节也存在大量浪费资源的行为。比如，电子商务的兴起使快递包裹使用量猛增。根据中国电子商务研究中心（100EC. CN）监测，来自国家邮政数据显示，2015 年中国每天产生的快递包裹数量大约在 4500 万到 5000 万个之间，目前或已超过每天 1 亿个快递包裹。这就造成了包装材料，如纸箱、泡沫塑料和胶带等的大量使用，同时也产生了大量的包装垃圾，造成了包装材料的浪费。要解决以上问题就需要从交换环节入手，完善绿色物流制度，为生态文明制度体系的完善提供物流解决路径。

因此，从流通环节促进宏观经济运行的绿色健康发展，可以从两个方面入手：

（一）完善绿色金融的法律制度。一是要强化对绿色金融市场的管控，对于贷款申请人可以增加对其生态环保责任的考核环节，由环保社会组织、公众代表共同参与企业生态环保责任的评定，作为是否发放商业贷款的重要指标。二是要建立和健全贷款申请人的行政责任相关制度。我国《环境保护法》规定，环境

---

① 王波,董振南.我国绿色金融制度的完善路径——以绿色债券、绿色信贷与绿色基金为例[J].金融与经济,2020(4).

保护行政机关具有强制执行权,但在有关生态环境案件的具体执行过程中,并未授权环保部门进行直接强制执行,这使得执行机关在执法前需要去法院申请。这就使得生态环保案件的处理和执行很难取得及时有效的阶段性成果。因此,需要加强政府环保部门与司法部门的沟通与交流,做好生态环保法律法规政策的司法解释,简化执法环节,提高执法效率,将贷款申请人的生态环保责任纳入行政责任统一进行考核,同时简化考核流程,严格生态环保责任的考核标准。三是要健全和完善贷款申请人的刑事责任相关制度。对于申请商业贷款的企业要将其经营行为是否守法纳入考核范畴,要加快企业经营信息的考核与整合,建议实行企业生态违法的"黑名单"制度,对于曾经违反生态环保法律法规的企业要延缓贷款进度。

(二)大力发展绿色流通。一是努力构建和完善绿色流通体系。要加强物流环节的基础设施建设,在居民社区建立社区综合服务中心。要做好社区公共服务网点的顶层设计与统一部署,把社区菜市场、便利店、快餐店、物流配送站、再生资源回收点以及健康、养老、看护等大众化服务网点整合起来,着力提高社区的综合服务水平,从而提高社区公共服务资源的利用率,着力打造绿色社区。二是利用信息化技术加强流通环节的标准化建设。要结合公众需求,涉及群众生命财产安全和绿色健康生活的领域,加强流通的制度化和体系化建设,确保居民生活领域的流通环节实现绿色、低碳运行。三是推动物流企业的转型升级,大力支持和发展第三方物流。实施城市物流车辆与社区配送车辆的分类管理与绿色升级,创新"共同配送、集中配送、网络配送"等物流配送的组织方式,减少车辆的空驶率,缓解城市的交通压力和环境压力,促进物流环节的节能减排。

三、积极倡导绿色的消费模式与生活方式

首先,绿色消费是实现可持续发展的重要环节,能够保证生态文明建设的社会主义方向。现代社会生产过程的各个环节中,消费环节作为生产和流通环节的最终实现环节,对其他环节有重要的价值引导作用。现代社会作为消费社会,其实质是物质主义,而物质主义的生产生活方式是"大量生产—大量消费—大量废弃"的循环模式。这一发展模式不符合生态文明建设的价值要求,这就需要我们建立和倡导有中国特色社会主义的绿色消费观念,为生产和流通环节确立价值引导的社会主义性质。

其次,倡导绿色消费,对于满足人民对于生态环保产品的需要具有重要意义。中国特色社会主义进入新时代以来,我国社会的主要矛盾已经转变为人民日益增长的美好生活需要和不平衡不充分的发展之间的矛盾。这就要求我们树

立以人民为中心的发展思想,生产更多的绿色环保产品,满足人民日益增长的对生态环保产品的消费需求。

最后,倡导绿色的消费观念,对于建立中国特色社会主义的生态文明价值观具有重要意义。现代工业文明充分发展的社会,是无数商品积累的社会。人们往往认为:"商品就是好,商品越多越好。"而社会主义生态文明价值观要求民众树立绿色低碳的消费观念,从而实现消费观念的转变:不是商品越多越好,而是商品的丰富也许是好的,但谨慎理性的消费则更好。

充分调动消费环节对于建设生态文明制度体系的作用,要做好以下工作:

(一)树立绿色低碳的消费观,在全社会的范围内倡导和践行绿色生活方式。首先,作为消费者,我们要自发抵制各种形式的不合理消费、奢侈消费和浪费行为,从我做起、从小事做起,成为生态文明制度建设的参与者和贡献者。比如,积极参与垃圾分类回收和有效管理,为生活垃圾的循环利用贡献力量;时刻践行光盘行动,减少生活中的浪费行为。其次,作为政府生态环保部门,要加强绿色低碳的消费文化建设。树立绿色文明的消费文化观念不仅是对公众个人的消费要求,更是对整个社会的普遍要求。因此,政府环保部门要加强生态文明消费观念的宣传和教育,促使消费者逐步形成生态消费观念,强化企业经营者和公众个人的生态责任意识,最终形成绿色消费的社会风尚。

(二)倡导发展绿色文化产业,鼓励公众进行绿色生态的文化消费,做到物质消费和精神文化消费的平衡。深处消费社会中的我们,往往受到商业广告的影响而倾向于进行物质消费,而忽视了文化消费。因此,需要优化消费结构,着力提升消费层次与消费结构。首先,政府有关部门要引导文化创意企业创新绿色经营方式,打造更多绿色文化产品。比如,给予参加文化演出、音乐会、戏曲晚会的公众一定的生态绿色补贴、降低票价,吸引消费者进行绿色文化消费。其次,生态环保组织可以发挥社会组织紧密联结广大公众的作用,做好绿色社区、绿色文化消费的宣传和支援服务活动,激发广大消费者的参与积极性。

(三)走城乡融合发展之路,用生态文明价值观引领农民建立科学的生活方式,推进美丽新农村建设。首先,要加快推进关乎农民绿色消费的公共资源配置,探索并逐步建立城乡一体、绿色低碳的农村基本公共服务体系。其次,政府环保部门要积极引导工商资本下乡,打造农村绿色消费品牌;同时,要做好农村绿色消费的"防火墙"工作,防止商业广告打擦边球、玩障眼法,保护农民的切身利益不受侵害。最后,继续完善统一的城乡居民基本医疗保险制度和大病保险制度,完善城乡居民基本养老保险制度,为广大农民做好民生兜底工作,减少农民的消费顾虑,激发农村绿色消费的内在驱动力。

第二章　生态文明制度建设的运行机制

运行机制作为制度体系的具体化，是制度建设的实施方案，保障着生态文明制度体系的践行成效。

第一节　权威的顶层决策机制

在生态文明建设中，政府在发展制度方面发挥着不可替代的决定性作用，是推动生态文明制度建设的领航者和引导者，而权威、理性的决策作为政府基于生态文明制度建设目标，综合考虑生态、政治、经济等多要素，理性权衡社会多元价值观，统筹生态文明制度建设的各方力量而作出的行动方案，是生态文明制度建设精确"制导"、有序推进的基石。当前，在习近平生态文明思想的指引下，我国生态文明建设已进入到制度化轨道，生态文明体制改革驶入"深水区"，在任务愈发艰巨、问题更加复杂的现实下，要想确保生态文明制度建设朝着科学、稳定、有序的方向持续推进，就必须做好政府的权威顶层决策，以综合性、系统性、战略性、实践性的眼光，审时度势、总揽全局、协调各方，为落实建设生态文明制度的行动提供方向指引。

一、建立权威顶层决策机制的重要性

在我国，生态文明制度建设必然依托于顶层决策机制，通过具有科学性、前瞻性和战略性的顶层决策保障生态文明制度的健康、平稳、高效运行。然而，我国 34 个省级行政区又分别拥有不同的环境禀赋和发展路径，因此在生态文明制

度建设的过程中不同地区的资源状况、文化习俗和发展走向必然影响着当地政府对生态文明建设的重视程度和发展程度。这意味着,要健康、平稳推进生态文明制度建设必须全面获得顶层决策所需的材料、资料,以绝对的权威性领导、协调、统筹顶层设计的总方案。

从我国开展生态文明制度建设的总历程来看,"生态文明"这一主题涉及自然资源、地理环境、社会经济、文化习俗、人口发展等多种因素,这使得生态问题的解决具有系统性、复杂性、长期性和战略性。而这些特性在实践中表现为:一是,相关生态文明建设的项目不论规模大小和具体种类,皆需大量金钱、人力、时间的投资,且不易回收,因此私人生态经济建设多难以承担,投资较少。二是,不同于其他社会建设项目的经济效益为主,生态文明建设的价值主要在于其生态、环境、社会方面的综合长远效益,而经济效益则短期内难以体现。基于此,生态文明建设难以吸引到私人投资,生态文明制度建设所需的规则难在市场经济下自觉形成和发展,而是必然需要政府作为决策主体加以推动。这不仅能够弥补市场经济下生态文明建设的缺失,以政府权威促使生态文明建设事业的蓬勃发展,而且打破了传统制度"习惯—习俗—惯例—法律"的自觉自发形成模式,以时间成本的节约推进生态文明制度建设的前进,大大加快了生态文明建设的脚步,避免了生态危机的加剧,降低了生态文明建设制度形成和完善的成本。

当前,面对生态问题的频繁爆发、资源瓶颈的日益凸显,我国生态承载力已经接近或达到上限,以习近平同志为核心的党中央将生态文明建设作为我国发展的重大战略持续推进,并在实践中取得了显著成就,推动生态文明建设进入了制度化阶段。在此生态文明制度建设的关键期,只有实现作为指导方向的"顶层决策"权威化,才能够在纷繁复杂的问题之中把准生态文明制度建设的脉搏,稳步推进生态文明制度建设。所谓建设"权威"的顶层决策机制,旨在加强顶层决策的高端战略性、整体系统性、重点突出性和严谨科学性。只有在此原则之下,政府决策才能够从全局出发,以全局视角,既对整个生态文明制度建设过程中各方面、各层次、各要素进行统筹考虑,同时着眼生态文明建设的整体建设目标和各地特色,又能够抓住牵动生态文明制度建设全局的关键问题,纲举目张,以核心问题的解决来实现生态文明建设的难点、重点突破,最终确定生态文明制度建设的目标,制定正确的战略战术,并与时俱进、适时调整,为生态文明制度建设提供科学的行动导向。

二、当前我国政府决策机制的运行困境

随着我国生态文明建设的实践推进和经验积累,我国政府对生态问题的认

识由"知之不多"过渡到"知之较多","知之不深"发展至"知之较深",政府决策在整体上呈现出现代化、科学化、专业化的特征。具体而言,我国政府在决策过程中,观念有所转变、方法有所创新、制度有所完善,极大显现了政府决策环节在生态文明建设过程中的重要作用。但是,作为后发现代化国家,中国对于生态问题的关注与实践较晚于其他发达国家,生态关怀还未能完全融入各个领域及相应部门的政策之中。因此,在生态文明建设进程中,我国政府决策机制依旧在决策主体、公众参与和决策追责这三个方面存在问题。

一是政府决策主体的决策能力未能完全符合当下推进生态文明制度建设的需求。一项决策的形成是决策主体的主观选择和决策对象的客观需要相结合的结果。在客观需要的背景下,决策主体的能力水平和思想素质直接影响着政府决策的质量。新时代,面对我国生态文明建设呈现出的新特点、新需求和新思路,我国政府决策主体的思想认知和能力水平有待提高。其一,政府决策主体的生态文明意识未能贯彻于各项决策的制定之中。在政府决策过程中,决策主体摇摆于地方经济发展、政绩提高与长远的生态价值之中。例如在 2007 年的厦门PX 项目事件中,厦门市政府在面对 800 亿 GDP 的诱惑与二甲苯对环境、居民健康的威胁之间,选择了经济效益为主,忽视了长远的生态问题。其二,政府决策主体囿于个人知识储备的不足,难以全面、专业地考量决策内容。生态文明建设涉及政治、经济、文化等多个方面,并且生态危机具有极大的破坏性、隐蔽性。然而,我国政策决策主体往往会受限于对生态问题了解的深度与广度,未能全面、长远认知决策的生态价值。其三,政府生态文明建设职能未能得以充分发挥。从我国的实践来看,我国政府职能虽已转变为"以人为本"的社会职能为主,体现了生态化趋向,但单纯追求经济效益、强调政府经济职能的现象依旧存在,尤其我国环保部门当前还缺乏独立性。这使得政府在决策制定过程中,将经济发展效益置于生态文明建设与社会公共服务之上,影响和制约环保部门职能的发挥。

二是政府决策制定过程中,公众参与度不高。公众参与是政府决策合法性的保障,能够有效增强政府决策的社会认可度,以减轻政策推定的社会阻力。只有让公众充分参与到政府决策的各个环节之中,政府决策才能够真正反映人民利益,获得人民认可。但是,特殊的历史和国情,使得我国公共参与政府决策的方式、程度依旧有待提高。其一,公共参与的主体和内容模糊。一方面,在我国生态保护问题上,公众是明确的"利害关系人",但是在不同的政府决策事件中,"利害关系人"具体包括哪些人、如何划分选择标准、哪些具体事项应列为公众参与范围等都没有明确的规定。另一方面,参与政府决策的代表多为相关机关邀请或公众自愿参与,这使得公众参与决策的积极性和效果无法保证。其二,公众参与方式陈旧,极易流于形式。目前我国公众参与政府决策的方式主要包括听证会、座谈会、民意调查、实地调查、公告公示等。这些方式在实际操作中不仅简单,局限性较多,无法最大程度地促使公众充分表达意见,而且极易成为政府履行程序却敷衍对待公众参与决策的手段。其三,公众主动参与政府决策的积极性、责任感不高。对于当下关乎自身利益的问题,公众的关注度和参与度都较高。生态保护则需要从长远发展的角度来考虑。这就使得公众对参与政府关于生态问题决策的热情不高。同时,囿于参与方式落后、信息透明度不高等问题,公众易持有"参与也无效"的态度。

此外,专家作为公众参与中的特殊主体,政府在决策过程中有待提高对专家咨询的重视,以便于更好地获得政府决策所需的专业化、科学化知识。例如始于2010年的南京"雨污分流"工程,计划在5年时间内实现在200多平方公里区域内铺设500公里污水干管,完善3000个居民小区及单位近2000公里排污水管。然而,如此耗资巨大的工程在建设过程中由"利民"变为"扰民",不仅未能解决原先的污水问题,反而导致内涝不断的严竣后果。究其原因,该项决策在制定初期中并未经过专家论证、风险评估必要环节,缺乏相关的专业指导和支持,决策咨询流于表面。

三是政府决策责任追究和纠错制度存在缺陷。决策责任追究和纠错是对决策的制定、实施和成效是否达到预期标准的监督和反思,能够有效"倒逼"政府决策的科学化、民主化。尽管我国越来越重视对政府决策的追责,但是受到理论知识掌握不足和实践经验有限积累的限制,决策责任追究和纠错存在着责任主体不清、认定标准模糊、评价形式繁杂等问题。这些问题具体可概括为:其一,决策责任主体划分不够清晰,追责范围模糊。当前,集体决策依旧是我国政府决策所采取的主要方式,一旦决策出现问题则极易导致问责的"真空状态"或"领导负责",即无法确定问谁的责或集体决策中的核心领导人承担责任。这使得政府决策过程中出现"只决策不负责""不作为""等结果"等现象,降低了决策的权威性。例如曾经耗资200亿元的宜昌三峡全通工程,其造成了严重的资源浪费和经济损失,但是其主要追责者依旧是作为当时宜昌主要领导人的郭某某。其二,追责力度不够,对决策主体的震慑效果不佳。例如在追责过程中,行政问责往往采取"引咎辞职"的方式,但是不乏对引咎辞职的官员进行组织上的任职重新安排,使得一地失职、异地为官的现象出现。其三,追责程序不完善,决策前的责任评估机制、事后的反馈纠错机制不健全。严格的程序是系统完备的,包括事前启动、事中执行和事后反馈。然而在我国的追责程序设计中,往往过分强调决策执行这一环节,而忽视了决策前的后果评估环节和事后反馈中的纠错救济部分,使得决策追责存在一定的滞后性，难以在追责惩处后及时纠错、缓解决策失误所带来的弊端。

三、权威顶层决策机制的优化路径

决策作为政府履行管理职能、实现公共利益的核心环节直接关涉社会的发展和人民的利益。当前，我国政府在决策方面总体上依循社会发展需要，兼顾了绝大多数人民群众的根本利益。但是，在全球化、信息化的大背景下，如何与时俱进地创新、发展政府决策机制，加强政府决策的权威性是解决现代社会发展问题势在必行的一步。因此，在生态文明制度建设过程中，优化顶层决策机制，促进生态决策的科学化、民主化、规范化对推进生态文明制度建设、实现社会主义生态文明意义重大。这主要包括以下几个方面：

（一）提升政府决策的生态优位意识，促进决策价值导向的生态化

人类的一切活动都从决策开始，在政府决策中贯彻"生态优位意识"是推进生态文明制度建设的思想基础。所谓决策"生态优位意识"即政府能够在决策过程中贯穿生态价值理念，确立保护生态环境与实现社会发展双赢的责任与义务，将生态环境因素作为决策制定、实施、评价的基本因素之一予以考虑。但是，在实践中，决策是思想的产物，政府决策是通过决策主体将主体的意识形态、价值观念、思想素质与实践的具体问题和发展要求相联系。因此，要提升政府决策的生态优位意识，关键在于对决策主体生态文明理念的培养。这就要求加强对政府生态意识的培养和执政理念的丰富。只有政府在决策制定过程中以生态价值为长远目标考量人与自然、人与人之间的关系，才能够正确认知生态系统的整体优化对人类发展的重要意义。只有不断提高决策的生态价值，政府才能以自觉承担公众生态责任的方式，为人民谋福利。同时，政府决策主体生态意识的培养也离不开自身积极参与生态实践，这既在实践中潜移默化地加深了政府的生态文明认知，又为公众树立良好的生态保护榜样。

（二）健全决策的专家咨询和论证机制，提升决策的科学化水平

在理性决策的过程中，一项政府决策权威性的体现，往往不在于政府的行政强制力，而在于该决策是否科学、正确，能否最大程度地合理兼顾各个利益主体之间的利益需求，协调各方的利益矛盾。然而，在生态文明建设相关决策的制定过程中，生态问题的复杂性、多样性使得生态文明建设过程中蕴含着发展的不确定性，存在着多元价值观念。换言之，政府决策的过程就是对不同发展观、不同

价值观的评判和讨论。因此,要提高决策的科学性和可行性,就必须健全决策的专家咨询和论证机制,以专业化知识、民主化方式为生态文明制度建设提供强大的思维武器。就客观而言,这要求政府在决策前充分集中权威专家学者和政府执行管理经验丰富的技术型领导们的意见,确保决策咨询内容的科学性、完整性。就主观而言,这强调参与决策咨询的研究人员一方面必须拥有充足的知识储备,能够提出独特的见解,实现不同学科领域之间统一服务于政府决策的需求;另一方面能够坚持学者初心,自律于学者所承担的公共责任,不畏资本、权力制约而真正做到专家意见的客观公正。此外,决策专家咨询机构的设立,不能够等同于行政管理部门内部的汇报会或工作会,而是要具有较强的独立性,使其能够有效避免行政体制内部因上下级权力制约、不同部门间利益冲突等问题,充分促使决策实现科学化、民主化趋向。

(三)拓宽决策的公众参与渠道,推进决策的民主化进程

民众的支持和拥护,是政府决策彰显权威性的重要政治基础和社会基础,而民众支持和拥护的获得关键在于政府是否能够从根本上保障人民的切身利益。在当下生态文明制度建设的过程中,生态系统的维护与平衡事关人民的生存与发展,但是生态保护与资本增殖之间的矛盾却是无法彻底解决的。政府在决策制定中难免存在重视 GDP 而忽视或淡化生态文明建设的重要性的现象,这有悖于维护人民根本利益的决策本质内涵。因此,为了规范政府决策权力的行使,降低决策对社会产生的不良后果,真正遵循一切为了人民的政府服务宗旨,政府必须拓宽决策的公共参与渠道,尊重公众的知情权、集民智、听民声、汇民心。

一是要建立科学的民意调查制度。民意调查的目的就是要真实的、可信的反映民意,为政府决策提供人民真正的问题基础和评价意见。从调查主体来看,调查活动应由独立于决策制定部门的第三方机构承担,以确保调查结果的公正,增强民众对调查结果的信任度。从调查程序来看,整个调查程序应设置系统、完备的规章制度,防止在调查过程中"偏听",避免只采纳对政府决策的支持意见而忽视民众否定意见。

二是要完善政府决策的信息公开制度。民意调查是政府决策采取"自下而上"的方式,广泛听民意、集民智的过程,而政府决策的信息公开则是"自上而下"的方式,主动寻求公众对政府决策的监督与评价,从而促进公众积极参与政府决策的制定。在生态文明建设方面,公众、企业和政府所掌握的相关信息具有极大的不均衡性。在一定程度上,公众掌握的信息是最少的,这极大影响了公众参与政府决策的积极性和能力。因此,政府要以法律法规明确政府主动公开决策信

息的范围,并确立除政府主动公开外的政府信息申请公开制度,不断合理拓展政府信息公开的范围,丰富多元政府信息公开的渠道。

(四)完善决策的追责和纠错机制,将责任化决策落实到实处

自觉的行动来源于清晰的认知,而清晰的认知则依托于自身所担责任的明确。在政府决策制定过程中,健全的决策追责和纠错机制,能够"施压"于每一个决策主体,促使他们正确认知自身肩负的责任和使命,提高履职能力和职业道德,进而以强大的责任心、使命感制定更加科学、完善、利民的决策。因此,在生态文明制度建设过程中,完善决策的追责和纠错机制是促进科学决策的不竭动力。首先,决策制定程序必须严密而规范,能够进行科学的责任评估。科学的责任评估是追责结果公正、准确的前提,将贯穿于决策制定、执行和结果反馈。因此,决策责任评估过程要以层次化的分析原则,对责任大小、内容的认定进行多种方法的认定。其次,鼓励决策制定参与者敢言但要善行。在决策过程中,对于错误决策必须追责,既鼓励参与决策的成员放下"思想包袱",积极提出意见,又警示全体参与决策成员正确履行职责,敢于对决策提出质疑,反对问题决策。最后,政府要"因地制宜",建立"立体式"的决策追责和纠错模式。理论过渡到实践的过程中存在着种种不可预测的因素,"立体式"的决策追责和纠错模式强调多元化、多视角。因此,对决策的追责和纠错不能仅仅从功能主义出发,采取单一的追责方式,而是要从外部追责与内部追责、垂直追责与水平追责、正式追责与非正式追责相协调的视角和维度出发,明确各个环节、各个部门的职责。

第二节　高效的政策执行机制

党的十九大报告中指出,"我们要建设的现代化是人与自然和谐共生的现代化"①,在环境保护与经济发展双赢的契合点上,实现以生态为导向的现代化发展。这意味着,当生态问题逐渐威胁到人类生存和发展之时,改善生态环境成为了社会发展的普遍性需求。当今,生态问题的解决仅仅依靠市场是无法实现的,政府必须发挥其生态职能,建设体系完备的生态文明制度。从制度建设角度出发,好的制度依托于各项政策的全面、系统供给,而一个好的政策供给不仅在于

---

① 习近平.决胜全面建成小康社会 夺取新时代中国特色社会主义伟大胜利——在中国共产党第十九次全国代表大会的报告[M].北京:人民出版社,2017:50.

政策本身,还在其执行。政策执行是否存在偏差直接关涉政策的有效实施和既定目标实现。如果离开了高效、有力的执行力,那么一项好的政策也极有可能成为镜花水月,无法发挥其效果。可以说,高效的政策执行机制是建设生态文明制度的内驱动力,其重要性不言而喻。

一、政策执行机制高效运行的重要性

当今,在我国生态文明制度建设的过程中并不缺乏优秀的政策和新颖的思路,而是缺乏高效的政策执行机制。如果各项生态政策的执行水平弱、效率低,则会直接导致整个生态文明制度建设浮于表面,影响政府履行其生态职能,制约我国的生态文明建设进程。因此,只有通过建设高效的政策执行机制,才能使新思路、新方法服务于生态发展,推动我国生态文明制度建设的前进,实现美丽中国、生态中国的美好愿景。正如毛泽东同志所说:"如果有了正确的理论,只是把它空谈一阵,束之高阁,并不实行,那么,这种理论再好也是没有意义的。"①

可以说,在生态文明制度建设的历程中,建设高效的政策执行机制能够推动生态政策目标的实现,保障政府的权威性,进而最终促使政府在"善治"中实现人与自然的和谐共生。具体而言,一是高效的政策执行机制能够促使各项生态政策落于实处,将理想的政策目标变为实际的政策效果,政策目标的实现直接有赖于政策执行。实际上,任何新的政策的出台或者原有政策的修改都是为了适应现实社会的变化,解决人民社会生活中实际出现的问题。当今,随着现代化进程的推进,生态问题已经逐渐成为全球性问题,其破坏性的广度、强度不断加深,成为威胁人类生存与发展的重要问题。因此,建设现代生态文明制度离不开正确认知生态问题,更离不开高校的政策执行机制。二是高效的政策执行机制能够提高政策政绩,保障政府的权威性。生态政策执行的成效不仅直接反映着生态文明制度建设的进程,而且影响着党和政府的形象、权威。建设高效的政策执行机制能够有效防止生态政策在执行过程中出现偏差,既提高工作效率,又能够真正落实生态文明发展的理念,促使政府生态职能的实现。三是促进国家治理方式的转变,提高治理效率,以"善治"实现人与自然的和谐共生。公共利益最大化是政策制定与实施的目标,良好的治理能够促使这一目标的实现。在实践中,政策执行的有效性是推动政府实现"善治"的重要因素。因此,生态政策实施的有效性越高,"善治"程度也就越高,越能够实现人与自然的和谐共生,促进生态文明制度的建设完善。

---

① 毛泽东选集:第1卷[M].北京:人民出版社,1991:292.

二、当前政策执行机制高效运行的阻碍

一是组织领导体系健全但力量整合薄弱。实践中,领导力量的发挥往往决定着事情的成败。换言之,职能健全、分配合理的组织领导体系是政策执行力能够得以有效提高的前提。随着党和政府对生态文明建设的日益重视,针对生态问题的专项规划和政策部署逐渐完善,政府各部门之间相互配合,部门联动机制初步建立。但是,在政策执行过程中,专家咨询机制、沟通协调机制、执行监督机制、执行评估机制等相关部分未能够相对独立而又协调整合的运转,发挥政策的最大效用。一方面,"由上至下"的层级结构使得政策实施过程中,各部分之间上传下达,环环相扣,极易造成信息滞后、行为主体身份多重而相互制约等障碍。另一方面,党政机构相关职能分配极易重叠,导致各部分职能模糊,行政功能紊乱而效率低下。因此,党和政府要在生态文明大框架下形成目标明确、构架合理、制度完善的协作体系,必须理顺各方关系,整合各方力量,全方位、系统地推进生态文明制度建设。

二是缺乏完备的监督机制,难以长效管控生态问题。有效的监督是确保政策准确、高效落实的重要途径。但是,在实践政策执行过程中,"散、零、乱"的现象依旧存在,各部门之间配合不协调,对生态政策执行过程的监督还不完善、不健全。其一,政府内部监管不到位。尽管国家相继出台了《循环经济法》《全国生态保护"十二五"规划》等政策文件,但政府监管的弱化使得各类政策落实不到位。一方面政府监管力量分散,存在相关部门职能不协调现象,另一方面对环境破坏、生态污染等事件所采取的事后惩处力度不够,威慑力不足。其二,社会公众监管意识不足。社会公众对生态问题虽重视,但却仍更加关注地方的经济发展,极易忽视高耗能、污染型项目的生态破坏性。其三,生态政策落实过程中,追求短期利益而缺乏长久监管。在生态文明建设过程中,部分官员依旧只重视生态环境的经济价值,忽视其生态价值。众所周知,生态文明建设是一项长期工程,投资成本大、见效时间长,因此,在各级政府建设生态文明的过程中,极易忽视政策的稳定性、持续性,而追求现时可见的价值利益。例如,湖州市政府从2007年至2012年期间在环境保护方面的财政支出由2.15%上升至4.28%,高达7.18亿元。但是,由于缺乏长效监管机制,依旧存在引进高耗能和污染型工业项目现象,尤其是在部分生态环境敏感区域,仍采取粗放式、布局零散的规模

养殖,生态污染潜在风险较大。①

　　三是相关参与主体生态文明制度意识、能力有所欠缺。人是实践的主体,政策的落实需要人的参与。作为参与者,一旦对生态问题的认知有所偏差,这将直接影响到生态政策执行的效果。简言之,这主要包括政策的执行者和执行对象双方在关于生态文明制度建设方面的认知有所偏差,而导致整体政策的执行效率不高。从政策实施者的角度看,相关执行主体缺乏一定的认知能力,未能正确认知生态政策的价值。只有正确认知政策,才能够高效、有序的执行,否则极易陷入对政策消极的态度。一部分官员作为政策的执行者,往往自身思想观念没有得到彻底解放,行动落后于思想,缺乏灵活创新的精神,进而"短视"生态价值,导致政策执行的效率低下。从社会公众的角度看,虽然生态文明意识已经成为社会共识,但公众的生态文明意识依旧较为模糊。当今,生态问题涉及的范围广、影响深,生态政策的执行贯彻已经不能仅仅依靠政府自上而下地推进,更需要具有生态文明意识的社会大众广泛参与。实践中,参与生态文明制度建设方式的有限性、对认知生态文明制度建设的不足等问题都影响着公众参与生态文明制度建设的积极性、主动性和效用。

　　四是激励政策执行的效果不突出。这主要强调各层级、各地区政府对生态文明建设成效考核结果的使用。近年来,随着党和国家对生态文明建设的不断重视,GDP 考核在逐渐弱化。但是,在整体考核指标中,生态指标考核权重相对于其他经济指标依然偏轻,各级政府追求 GDP 增长的热度依然未见减少,尤其在经济发展相对落后的地区,更加注重对经济发展的追求。而在对考核结果的运用过程中,我国依然还存在各种各样的激励问题。其一,激励方法单一,缺乏针对性。马斯洛把人的各种需要归纳为五个层次:生理的、安全的、感情的、尊重的和自我实现的。因此,处于不同阶段的个人对所需要的激励具体内容也不同。当前,我国激励措施实行一刀切,缺乏层次性,因此难以调动积极性。其二,激励持续性不强,强度较弱。当前我国激励更多的是采取"运动"式的方法,缺乏持久性,这使得被激励对象难以持续保持高昂的工作热情。其三,激励透明度不够,公平性不强。激励制度是否公平,直接影响着整个政策执行体系的积极性。如果本来表现突出的、应该得到重视和赏识的没有受到鼓励,则极易造成激励机制功能的丧失。

---

　　① 陈晓,等.关于建立湖州国家生态文明先行示范区运行机制研究[J].湖州师范学院学报,2016
(3).

三、完善政策执行机制的建议

随着社会历史的发展,如何建设高效的政策执行机制不断呈现出新的需求。毋庸置疑,建设高效的政策执行机制是新时代我国推进生态文明制度建设的重要助力。只有建设高效的政策执行机制才能够确保各项政策制度的落实、落地。在建设生态文明美丽新中国的大背景下,要合理构建高效的生态文明建设的政策执行机制,就必须明确各相关部门职责,改善组织体系,强化组织整合力量,高效实现公共政策的上传下达;完善执行监督,畅通执行渠道,确保政策执行到位;优化执行主体能力,解决既有问题,避免可能问题;完善政策执行的激励机制,激发执行主体的积极性和主动性。

（一）改善组织体系,强化组织整合力量

从组织体系角度来看,提高政策执行效率必须改变以往"上传下达"的直线权力运行模式,及时吸收"自下而上"的政策执行反馈,以确保政策执行过程中的种种问题能够得到有效解决,提高政策执行效率。在政策执行过程中,各级部门通过协商、谈判等多种方式以团结协作精神协商解决问题,既做到政策执行要求的上传下达,又做到政策执行效果的下达上传。这意味着,一是在中央与地方政府之间可以建立专门的协调机制,通过协调的方式减少因交流不足、信息阻塞而造成的问题,充分提高政策执行的成效,同时,中央的绝对权威压力通过科层制自上而下地传导,也能够进一步压实地方政策执行主体的责任。二是以专门的政府生态职能分配法规来确定各部门的职责,合理划分权力与职责,确保各项措施、各项职责具体落实到个人,减少政策执行过程中的盲目性、随意性。三是以"精简、统一、效能"为基本原则,明确规定相关行政机关的职能配置、内部机构设置等,并坚持定期开展检查活动,遏制机构膨胀,防止在生态文明制度建设过程中出现人浮于事的现象,滞后政策执行效率。

（二）建立监督机制,落实政策执行效率与质量

国家制度建设成功与否,不仅需要制度的科学性、适用性,更需要建立并落实监督机制,促进政策执行效率与质量的提高。可以说,如果没有切实有效的监督机制,任何制度都有可能面临"浮于表面"的结果。首先,必须设立独立的监督机构,减少因部门重叠而对行使监督权力造成的阻碍,确保监督机构的独立性和权威性。同时,加大对制度落实的督查,加强各个部门与政策执行监督部门的协调与联系,既要建设完备的督查标准,又要采取灵活多样的督查方法,将责任具

体到组织和个人,不放过任何一个"细节"。其次,合理加强政策执行过程的公开度、透明度。在政策执行过程中,实现有效监督不仅依靠体制内监督机制的建设完善,更依靠社会大众的共同监督,以监督主体的多样性丰富监督渠道,提高监督效果。这就使得政策执行不仅受到监督机构的监督,更受到社会大众的监督。在政策实施过程中,只有充分发挥各力量的监督,才能够保证政策执行监督的全面性、正确性,促使政策执行的高效。最后,健全评估反馈机制。监督的目的在于促进政策执行的高效,而评估反馈则能够以反思为基础,积累事前、事中、事后的经验,保证政策执行达到甚至超越预期的目标。

（三）优化相关主体,提高主体的认知水平和业务能力

实践中,人是社会实践的主体,人的能力、素质在一定程度上直接决定着实践结果。在生态文明建设过程中,从主体角度出发,建设高效的政策执行机制依赖于政策执行者个人水平的提高。因此,第一,必须加强对政策执行主体生态观念的培育。思想是行动的先导,只有具备科学、全面的生态意识才能够正确认知政府的生态职能,以对党和人民事业负责、对人民群众切身利益负责的态度,建设国家的生态屏障。第二,必须完善政策执行主体的知识结构。知识时代,政策执行主体必须不断与时俱进,拓宽知识面,调整知识结构,提高认知水平和综合能力,强化对新形势、新观点、新方法的理解,使自身能力服务于新时代背景下的生态文明建设需求。第三,必须强化政策执行主体的公仆意识,促使政策执行主体能够以自律的工作态度、饱满的工作热情投身于生态文明建设,提高政策执行效率。

（四）建立立生态政策执行的激励制度

良好的生态政策执行激励制度能够充分激发政策执行主体的工作热情,释放工作人员的潜力和能力,提高其积极性、主动性;同时,合理、有效的激励制度是对政策执行主体能力的肯定,极大体现了工作人员的价值,能够有效增强工作人的执行力。一是以公平、公正为原则,实行正面激励与负面惩戒。公平、公正是建立任何激励机制的首要前提。在实践中,以公平公正为原则,将正面激励与负面惩戒相结合,充分将政策执行成效与个人薪酬相联系,以生态政策执行成效确定津贴、奖品、福利的归属。二是以精神激励赋予政策执行主体更多荣誉感,提高其政策执行自信心、积极性。除却物质奖励的手段,精神鼓励往往也能够充分激发政策执行助推的积极性、主动性。通过给予生态政策执行力度高的工作人员以更高的荣誉,使得他们获得更多的荣誉感、满足感,增加其在社会上的地

位,促使他们能够再接再厉,成为生态文明建设的标兵。三是实行职业发展激励,将生态政策执行成效与个人职业发展挂钩。简言之,即在政府人员调动过程中,充分重视当事人的生态政绩,并将其作为职务调动的参照物之一,实现"能者上、庸者下"。一方面,对于那些能力突出者,使其能够通过自身的努力获得晋升的渠道,得到提拔和任用以实现自我价值;另一方面,对于那些渎职者能够起到警示作用,将其调离与之能力不相匹配的工作岗位。四是拓宽政策执行主体范围,激励群众参与政策执行力建设。在生态政策执行过程中,群众虽是生态政策执行成果的检验者,但却一直被动参与生态政策的执行。因此,通过激发人民群众的智慧和力量,使群众充分了解生态政策,把政府的执行建立在群众的认可的基础之上,能够有效消除群众对政策的怀疑态度,从而降低政策执行的阻力、难度。

第三节　明晰的产权运营机制

中国特色生态文明制度建设,尤其注重发挥市场在优化自然资源配置的决定作用,而建立归属清晰、流转通畅的自然资源资产产权制度,则是推进自然资源资产化管理,实现自然资源产权的增值性和可流转性,进而将自然资源优势转化为经济优势,实现生态保护与经济发展"共赢"的重要保障。改革开放以来,粗放式的经济发展在带来巨大经济增速的同时,也使我国呈现出资源约束趋紧、环境承载逼迫上限的趋势,究其根本原因,就在于自然资源资产所有者不到位、权责不明晰、权益不落实、监管不到位。当下,加快推动自然资源资产产权制度建设,以形成明晰的产权运营机制,将为新时代中国社会经济高质量发展和生态文明制度建设保驾护航。

一、构建明晰的产权运营机制的重要意义

在我国当前生态文明制度建设的顶层设计中,自然资源资产产权制度建设必定是首要解决的问题。深化自然资源资产产权制度改革,以形成明晰的产权运营机制,对于践行习近平"绿水青山就是金山银山"理念、克服"公地悲剧"具有重要意义。

首先,构建明晰的自然资源产权运营机制是生态文明制度建设的重要支柱。自然资源资产产权制度是健全和完善我国生态文明制度体系的基础性制度,对于推动人与自然和谐发展、实现"美丽中国"战略目标具有重要的基石作用。党

的十八届三中全会明确提出了建设生态文明制度体系的宏伟目标,并于2015年3月印发的《关于加快推进生态文明建设的意见》中,明确将健全自然资源资产产权制度作为深化生态文明体制改革的突破口,随后于9月印发的《生态文明体制改革总体方案》,构筑了生态文明制度建设的"四梁八柱",其中自然资源资产产权制度位于"四梁八柱"之首。从生态文明制度体系的内部关系上看,建立自然资源资产产权制度,加快我国自然资源的统一确权登记,是实施国土开发保护和空间体系规划、落实资源总量管理和节约的前提与依据,而归属清晰、权责明确的自然资源产权主体,则是进一步推进自然资源有偿使用与生态补偿、加快自然资源要素市场体系建设,实施生态治理绩效考核和责任追究的必要基础。可见,自然资源资产产权制度建设贯穿于生态文明制度建设的"源头、过程、结果",是生态文明制度建设的重要支柱。

其次,构建明晰的自然资源产权运营机制是践行"绿水青山就是金山银山"理念的关键环节。为协调生态保护与经济发展的良性互动,推动我国经济发展结构的绿色转型,习近平提出著名的"绿水青山就是金山银山"理念,阐明了经济发展与生态保护的对立统一关系,即经济发展不应超越资源环境承载,而对资源环境"竭泽而渔";生态保护也当顺应经济发展规律,而非舍弃经济发展的"缘木求鱼",为我国破解经济发展与生态保护此消彼长、难以两全的"跷跷板"难题指明了方向。践行习近平"绿水青山就是金山银山"理念的关键,就是建立起归属明晰、流转通畅的自然资源资产产权制度,通过自然资源的资产化管理,给"绿水青山"贴上价值标签,将自然资源优势转化经济优势;同时,在政府营造市场环境、完善补偿机制的条件下,充分发挥市场机制配置自然资源的决定性作用,推动自然资源的价值实现,解决人们日益增长的美好生活需求和发展不充分不平衡之间的矛盾。清晰的产权运营机制既将在严管资源保护、提升生态功能中发挥基础性作用,使生态保护成为经济发展的新增长极,又将在优化资源配置、提高资源利用效率、促进高质量、可持续发展中发挥关键性作用,使社会经济发展成为生态保护的内生动力。

最后,构建明晰的自然资源产权运营机制是克服"公地悲剧"的有效手段。所谓"公地悲剧"是一种因所有者权责模糊,而导致个人利益与公共利益在资源分配中矛盾冲突的社会陷阱,最早由美国学者哈丁提出,认为自然资源由于缺少排他性产权,在产权不明的情况下,极易导致因群体性监管缺位,而被过度开发利用,造成严重的生态破坏。"公地悲剧"是我国自然资源乱占滥用现象的真实写照。长期以来,由于我国自然资源所有者主体缺位、自然资源低价甚至无偿使用,自然资源被非正规权属多占少用、早占晚用、优占劣用、占而不用甚至乱占滥用的"公地悲剧"现象屡有发生,导致我国出现生态破坏和生态退化的严峻形势。健全自然资源产权运营机制,就是要明晰各类自然资源的所有权及其行使主体,明确各产权主体的"权、责、利"关系,做到有效保护、严格监管、强化追责,这将促使"冤有头、债有主"的产权主体切实履行"谁保护、谁受益""谁受益、谁补偿""谁污染、谁付费",从而有效破除长期以来"企业污染、群众受害、政府买单"这一令百姓深恶痛绝的"公地悲剧"现象。

二、当前我国自然资源产权运营机制的建构障碍

自然资源资产产权运营机制是协调经济发展与生态保护、推动生态文明制度成果转化为治理效能和经济效益的重要实现机制。自改革开放 40 年以来,我国的自然资源资产产权制度就始终伴改革而生、依改革而行,逐步实现了从地方试点到顶层设计、从单一所有制体系到多元化权能创新、从生态资源的无偿划拨到有偿使用、从政府指令配给到市场优化配置的重大转变与突破,并逐渐形成了节能量、碳排放权、排污权和水权的四大生态产权交易市场,在促进生态资源的有效保护和集约利用、推动"绿水青山"实现"金山银山"的价值转化等方面发挥了不容置疑的积极作用。但是,仍应看到的是,我国现行的自然资源资产产权制度距离中央提出的"归属清晰、权责明确、保护严格、流转顺畅、监管有效"的要求仍存在差距,面临着以下亟待破除的阻碍:

首先,自然资源的统一确权登记有待进一步推进。摸清自然资源家底,清晰划分产权边界,是自然资源产权机制有效运营的基础性工作。2016 年,我国印发了《自然资源统一确权登记办法(试行)》(以下简称《办法》),并于福建、贵州等12 个省份开展自然资源统一确权登记的试点实践。各地试点在取得显著成果的同时,也暴露出一些难题:一是自然资源类型划分的科学性有待商榷。自然资源类型的科学划分是开展自然资源统一确权登记的关键,虽然《办法》将自然资源划分为森林、草地、滩涂、荒地等七大类,但地方实践发现,上述类型划分,存在交叉重叠,难以解决"一地两证"的问题。二是自然资源等级单元划界存在技术难题。确定登记单元的空间范围,是自然资源确权登记的首要技术工作,由于目前并没有权威部门给出各类自然资源生态空间范围的技术规范,且某些生态空间如水流生态空间、湿地生态空间等相互重叠,致使其等级单元划分面临复杂性。三是自然资源确权登记簿设计难以满足对各类自然资源进行质量、数量差别化记录和细化各区域差异化管制的要求。四是地方实践推进受主客观因素制约。从客观上看,我国幅员辽阔,自然资源确权登记是一项宏大工程,需要投入足够的资金、人员和技术支持;从主观上看,新的自然资源确权登记会触及原有

自然资源的权力划分和产权归属,致使地方政府因利益冲突产生抵触情绪,出现消极开展工作的现象。

其次,自然资源产权体系不完善,资源产权虚置问题依旧突出。在所有权方面,在自然资源部成立以前,我国自然资源产权制度沿袭人民所有、行政管制的计划供应思路,注重行政管制、忽视所有者权益界定,这使得自然资源虽名义上归人民所有,但实际上却被某些地方政府在代理行使的过程中,通过与集团公司或权贵之间的利益交换,将自然资源资产"化公为私",致使自然资源事实上被许多非正规权属侵占,造成资源产权虚置、租值耗散、自然资源低效开发等一系列"公地悲剧"。虽然,自党的十八届三中全会以来,中央明确了由自然资源部统一行使自然资源所有权,并于福建、贵州等地展开地方分级行使所有权的改革试点,但现行制度仍存在因中央和地方的权属不明,造成地方政府过度侵占经营性自然资源资产和公益性自然资源资产的问题。在使用权方面,虽然推进所有权与使用权相分离,是我国自然资源资产产权的改革重点,但我国当前对自然资源使用权的产权界定和赋权扩能仍存在缺陷。一是自然资源使用权权属界定不清淅,如在草原使用权上,有的采取划分到户、有的采取划分到组,彼此之间缺乏清晰的划分界限,极易导致侵权、搭便车等"公地悲剧"现象,造成权属纠纷严重。二是自然资源使用权的权能激活不足,导致其使用与充分流转受阻,使用者权益难以有效实现,如探矿权和采矿权转让的严格限制,一直是该权益难以有效落实,权属纠纷高发的原因。此外,海域使用权虽规定了转让、继承、续期等权能,但对于需求强烈的抵押、出租、作价等权能却缺乏明确规定。

再次,产权交易市场不成熟,市场优化配置自然资源受阻。产权交易是利用市场机制优化自然资源配置结构、推动自然资源要素高效流转、促进自然资源价值实现的有效手段。然而,由于我国自然资源产权交易起步晚、自然资源要素市场建设相对落后,公开、透明的自然资源交易市场尚未全面建立,主要表现在:一是适应于自然资源产权交易的准入规则、竞争规则、交易规则和退出机制不完善,致使产权流转混乱无序,造成资源粗放经营、低效配置、供需矛盾突出等问题。二是政府过多干预产权交易。由于我国强调自然资源的公有属性,而限制其流转,因而往往采取政府调配自然资源来作为其流转的主要手段,这种方式不仅将市场对资源配置的决定性作用排除在外,其自身也难以应付迅速变化的经济环境,造成自然资源配置结构调整迟缓、长期处于抵消流转状态,难以将自然资源优势转化为经济优势。三是自然资源定价机制混乱。如在我国多地试点的水权交易实践中,甘肃省山丹县的水权交易定价是由"农民用水协会"协商而得,而漳河、宁夏的水权交易定价则由交易双方协商而得,这种标准不统一、依据缺乏的定价方式,其合理性也有待商榷。四是尚未建立起专业化、独立化、信息化的产权交易平台,难以对自然资源产权交易提供资产评估、准入评估、信息服务、技术服务等有力支撑。

最后,自然资源资产产权保护不严、监督缺位。严格的产权保护与监管制度是确保自然资源资产产权机制规范化、法治化运营的重要保障。然而,由于制度设计不完善、资金不足、监控技术跟不上等原因,我国现阶段的自然资源资产产权运营呈现出保护不严、监管不力的弊端。一方面,受产权保护制度不完善、相关法律不健全的影响,当前侵害自然资源产权的现象时有发生,如侵害产权市场交易公平性的部门保护主义和地方保护主义、侵害民众居住权的生态环境污染问题等等。同时,行政侵权中如何平衡和补偿被侵权者权益的问题也较为突出,如祁连山自然保护区在执行矿业权退出的过程中,就面临着矿业权益与自然保护区的法律冲突、矿业权退出与矿业权益者依法补偿的难题。此外,现实中还存在着不少产权纠纷,受相关配套制度、法律依据不健全的束缚,导致某些纠纷处置效率不高,长期悬而未决,如青海省的草地纠纷,就因为草地承包合同档案管理制度不健全,导致资料不明、无法核实承包主体、承包界限,使纠纷调解难以进行。另一方面,产权监管缺位。从制度上看,由于长期以来,我国过分强调视自然资源的行政管理,而忽视其所有者权益,自然资源管理与行政管理重叠矛盾突出。此外,统一的监管执法机制尚未全面建立,重复监督、条块分割仍未解决。从技术上看,当微观主体获得初始产权分配之后,必须辅以相应的监控技术来确保产权制度得到严格遵循,尤其要防止微观主体"暗箱操作",突破给定生态资源总量的问题发生。例如,上海市闵行区曾是我国开展排污权交易的先驱,但由于该区在后来建设了"排海工程",一些企业就借机将污水超量排入东海,这实际上就是因为监控技术的缺失,导致企业无视排污的总量控制,实施污染的跨境转移。

三、自然资源产权运营机制的优化路径

(一)摸清家底,夯实基础,加快自然资源产权的统一确权登记

山水有底账,开发利用才能有的放矢,有据可循,摸清家底,明晰产权边界是自然资源产权机制有效运营的基础。结合当前 12 个省份开展自然资源统一确权登记的经验与暴露出的问题,当下,加快自然资源产权的统一确权登记,当从以下几方面发力:一是科学设计自然资源的类型划分和登记单元划定,有效区分自然资源权属边界与管理工作边界。一方面,可在借鉴土地利用分类来相对科

学划分自然资源类型的基础上,采取生态空间的概念和思路来进一步确定自然资源的类型;另一方面,采取生态功能区的思路,在以权属界线相对封闭的空间作为基本登记单元的基础上,对于具有特定生态功能的自然生态空间,以体现其生态功能定位的界限为初始划定,再以自然边界、管理界线、权属界线等进行相应调整。二是完善自然资源登记簿设计,在设置体现自然资源资产数量与质量、生态功能和质量等特性的登记内容的同时,建立相对应的自然资源质量评定标准及其指标体系,科学准确反映自然资源的静态水平和动态变化,为后续监管与保护提供有效依据。三是遵循属地管辖与特殊管辖相结合的原则,推进自然资源确权登记的全面落实。自然资源量大面广、权属关系复杂,只有依靠基层和群众才能顺利完成确权登记工作。如福建省依据每种自然资源类型划分其确权登记的责任单位,采取县、市组织实施,省、市逐渐审核确认的方式,有序推进自然资源登记确权。四是加大中央的财政支持。自然资源统一确权登记决非一蹴而就,而需久久为功,因此,需要投入大量的资金、人员和技术支撑。

(二)明晰权属,激活权能,健全自然资源产权体系

新时期构建归属清晰的自然资源产权体系,必须依据自然资源的多种属性、适应新时期国民经济和绿色生活和谐发展的总体要求,在明确各类产权主体的同时,规范使用权、保障收益权、激活转让权、理顺监管权,创新自然资源产权所有权的实现形式。

首先,完善自然资源所有权行使的地方委托代理。自党的十九届三中全会之后,自然资源所有权已明确由国家自然资源部统一行使,但面对我国幅员辽阔,各地区自然资源禀赋差异化较大的现实,所有自然资源由中央直接管理不仅不现实,还无法调出地方合理利用自然资源,促进经济发展的主动性与自觉性。因此,实行自然资源所有权的地方委托代理行使,是当前自然资源资产产权制度改革的重点方向之一,其关键就是根据自然资源在生态、国防等方面的重要程度,研究编制分别由中央和地方行使所有权的自然资源清单和管理边界,确保其所有者职责履行不缺位。

其次,创新自然资源所有权的实现形式。目前,在我国各地开展的自然资源资产产权制度改革试点中,已有诸多创新自然资源所有权实现形式的经验。江西抚州市在自然资源确权登记的基础上,积极挖掘生态产权的金融功能和属性,通过探索农村耕地使用权、农村土地承包经营权、水域养殖权、农村集体资产所有权等抵押融资模式,实现了对"绿水青山"的"点绿成金",开辟了实现生态价值的"抚州路径"。贵州省积极落实承包土地所有权、承包权、经营权"三权分置",

开展经营权入股、抵押；探索宅基地所有权、资格权、使用权"三权分置"，在遵循所有权归国家、使用权和经营权归农民的同时，赋予经营权和使用权以转让、入股、抵押等权力，为有效提升土地和宅基地使用效率，促进贵州农业大开发奠定了坚实基础。借鉴地方试点经验，当下应进一步推动自然资源所有权与使用权相分离，在符合国土空间规划和用途管制的前提下，赋予各类使用权人以转让、抵押、作价、出租等权能，创新自然资源所有者权益的多种有效实现形式。

（三）激活市场，优化配置，建立市场主导，充分博弈的产权交易制度

其一，坚持"市场配置，政府监管"的原则，解除政府对自然资源产权交易过度的行政干预，坚决发挥市场的决定性作用，在规范自然资源产权交易规则、交易方式、交易程序的基础上，形成与各类自然资源特点相适应的产权交易制度，如私人间双边市场（企业排污权交易）、第三方规制市场（湖州"水银行"交易）、区域间准市场交易（平顶山市-新密市水权转让），让市场机制充分发挥出优化资源配置的积极作用。

其二，对参与交易的产权主体进行准入公证、资产核算和资格审查，营造公正、透明、可预期的产权交易环境。

其三，完善自然资源产权的定价机制，对于具有排他性和竞争性的自然资源，应通过公开竞价形成反映市场供求关系、资源稀缺程度、生态环境损害成本的价格形成机制；对于不具排他性的自然资源，则可通过替代产品赋值，实现间接定价，如安吉县将其优质生态的价值反映在创意竹产品上。

其四，充分利用现代网络技术，建立起快捷、高效、权威的自然资源产权交易信息系统，为自然资源产权交易提供一个畅通、透明、便捷的信息沟通平台。

（四）强化保护，落实监管，健全自然资源产权的保护与监管机制

在自然资源产权被明晰地分配到各责任主体之后，加强对其权利的保护，防止其权利被侵害；加强对其行使过程的监管，防止其越权或滥用，是必不可少的。

一方面，强化对自然资源的产权保护。要采取划分清晰的权利清单管理，明确各自然资源产权主体在自然资源产权行使、开发利用和保护等方面所享有的权利和依法应承担的责任，做到权利与义务的统一。同时，在符合法律规定和用途管制的前提下，切实保障权利主体依法对其自然资源产权处置和使用的自主性，允许其依据具体情况对自然资源进行合理的开发利用和生产经营，尤其要防止政府通过行政手段强行干涉其生产经营活动，损害其利益。发挥政府行政调解、行政处理、行政复议等手段在处理自然资源产权纠纷的经验优势和专业优

势,同时,完善责任人自行磋商、刑事司法处理的有效补充和衔接,建立起多元化的产权纠纷解决机制。进一步探索创新对受生态限制的自然资源产权进行合理补偿的机制,如在自然保护区、生态脆弱区执行已存在的探矿权、采矿权、取水权等自然资源产权退出时,要提出差异化、合理化的补偿与退出方案,切实保障权利人的合法权利。

另一方面,加强对自然资源产权行使的有效监管。推进覆盖全门类的自然资源的统一调查与评价体系建设,开展自然综合或专项承载力评价研究,为有效监管提供技术支持;加强和完善政府间的协同监管,理顺各相关部门的监管职责,探索建立跨部门、跨区域的执法联动机制,形成各司其职、各负其责、横向协调、纵向联通的协同监管格局,为有效监管提供组织保障;充分利用大数据、云计算、"互联网+"、卫星遥感等现代信息手段,加快搭建符合实际需要的自然资源统一监管信息平台,为有效监管提供平台支撑。

第四节 有效的环境监管机制

生态文明建设是功在当代、利在千秋的事业,必须以制度保驾护航,而生态文明制度刚性优势的发挥,离不开有效的环境监管机制。有效的生态环境监管既是新形势下确保党中央、国务院关于生态环境保护决策部署能够落地生根、得到有效贯彻执行的重要保障机制,也是新时期确保我国防污攻坚战紧盯关键问题、压实政府责任、落实企业整改,进而取得关键性胜利的重要推动机制。

一、构建环境监管机制的重要性

首先,环境监管机制的有效运行有利于促进经济高质量发展的转型升级。良好的生态环境本身就是生产力,就是可持续发展的后劲和核心竞争力。当前,我国经济已经由高速增长阶段转变为高质量发展阶段,正处于优化经济结构、转换增长动力、逐步走向绿色可持续发展方式的关键时期。为此,我国的政府治理方式和治理能力也要为适应经济高质量发展而随之调整,不断提高其治理效能,正如习近平指出:"构建推动经济高质量发展的体制机制是一个系统工程,要通盘考虑、着眼长远、突出重点、抓住关键。"①对于生态环境部门而言,提升生态环

① 构建推动经济高质量发展体制机制的着力点[EB/OL]. http://views.ce.cn/view/ent/201803/12/t20180312_28431831.shtml. 2018-03-12.

境监管的能力与水平,就是要发挥生态环境保护促进经济转型升级的倒逼作用,在坚持保护中发展、发展中保护的前提下,通过对企业实施精准治理,对违法违规、难以改造升级的"散乱污"企业,坚决予以取缔关停,淘汰落后产能、腾出市场空间,为转变经济发展方式创造条件。同时,帮扶传统产业实现绿色改造升级,引领节能环保等新兴产业发展,从而为我国的经济高质量发展清除阻力、增长动力、激发活力,实现环境效益、经济效益和社会效益多赢。

其次,环境监管机制的有效运行事关人民福祉的实现。良好的生态环境是最公平的公共产品,是最普惠的民生福祉。新时代推进全面建成小康社会,积极打造适宜的人居环境,使人民群众生产生活有生态安全保障,既是民心所望,也是施政所向。正如习近平指出:"生态环境特别是大气、水、土壤污染严重,已成为全面建成小康社会的突出短板。扭转环境恶化、提高环境质量是广大人民群众的热切期盼。"①当下,我国已然进入了提供更多优质生态产品以满足人民日益增长的优美生态环境需要的攻坚期,也到了有条件有能力解决突出生态环境问题的窗口期。有效的环境监管机制,就是要聚焦重污染天气、黑臭水体、垃圾围城等这些民生之患病、民生之痛的突出问题,集中财力、人力、物力,坚持防污方向不变、治污力度不减,坚决打好蓝天保卫战、农村农业污染治理、水源地保护等事关民生的防污攻坚标志性战役,从而切实为人民群众创造绿水青山常相伴的全面小康社会优美环境。

二、当前环境监管机制有效运行的主要障碍

自党的十八大报告明确将生态文明建设纳入"五位一体"总布局,党的十八届三中全会提出加快建立系统完整的生态文明制度体系以来,我国环境监管体制机制建设的思路逐渐清晰。在强化生态环境保护制度的刚性要求下,党中央国务院相继颁布了一系列政策举措,如《关于省以下环保机构监测监察执法垂直管理制度改革试点工作的指导意见》《按流域设置环境监管和行政执法机构试点方案》《关于深化生态环境保护综合行政执法改革的指导意见》等,大力推进环境保护立法、执法、监督的动态机制体系建设。这些政策举措广泛涉及环境监管领域的权力配置、组织架构和责任关系等关键要素,其核心目的在于建立和完善我国环保监管独立执法的机制体制建构,致力于将人与自然关系纳入制度化、规范化的轨道,以解决长期以来我国环境监管执法独立性不足、条块分割、权责不清

---

① 中共中央文献研究室.习近平关于社会主义生态文明建设论述摘编[M].北京:中央文献出版社,2017:9.

等问题。不过,从地方具体实践落实上看,当前改革力度虽然空前,但是在新旧政策交替之间,我国环境监管机制的有效运行仍面临着法律保障欠缺、跨流域监管受阻、环境监管执法不力、监管全方位覆盖不足等问题。

首先,环境监管法律授权尚未符合科学立法、精细立法的要求。一是,环境监管授权条款总体上采取原则性、宏观性的粗略设定,精细化程度不高,如上下级政府间的层级管辖事权划分不清、地方政府与其环境监管行政主管部门职责划分不清晰、政府其他相关部门在环保中所应承担起的特定职责规定不具体、权限不清晰。这就容易导致环境监管者在实践中出现责任相互推诿扯皮、功劳争权夺利,甚至监管松软疲乏、慢作为、不作为的现象发生。二是,监管条款设定的完备度不高,跨区域、跨部门的统一协调监管尚缺乏明确的法律授权。基于环境保护的复杂性、区域的关联性以及监管事权的广泛性与主体多元性的特点,统筹规划、协调联动、综合治理是提升环境监管效力的必由之路。因此,环境监管的法律授权除了要明确各相关主体的权责、权限之外,还应对跨区域、跨部门环境治理中的统一协调监管,如何处理好"横纵"权责关系提供法律依据。但我国现行的法律体系并未明确指出联防联控机制的实现路径以及中央与地方在跨区域环境治理中的事权划分,区域环境协同立法也仍处于探索阶段①。

其次,生态环境监管呈现"碎片化",权威性和有效性不足。长期以来,我国的生态环境监管体制主要以行政区划为单元,进行环保责任划分,实行上级垂直监管和地方监管两种模式,即地方政府作为行政区的环保责任主体,中央与地方分级管理相结合,不同级别的政府再下设相应级别的环保机构。然而,在现实运行中,这种体制往往容易因利益分化、监管部门职责分散交叉、地方保护主义而导致生态环境监管的权威性和有效性被削弱,导致出现横向联动不畅、纵向协调松散、各级环保机构各自为政等"碎片化"监管的问题。

一是,从横向上看,虽然我国地方环保部门负有对环境保护的统一监管职责,但由于其他相关部门也负有专项监管的权力,这就造成环保部与农业部、林业部、水利部等行业主管部门存在职能重叠、交叉执法的现象,导致生态环境监管常出现多头监管,监管缺位、越位或责任推诿等问题,各部门横向协调联动难以有效开展。此外,这一问题同样存在于跨区域环境监管中。在我国现行的行政区划环境监管模式下,虽然大气污染防治、流域污染防治和海域污染防治等重点领域,是跨区域内同级政府之间共同面临的环境问题,但是受各地政府经济发

---

① 冯汝.跨区域环境治理中纵向环境监管体制的改革及实现——以京津冀区域为样本的分析[J].中共福建省委党校学报,2018(8).

展状况、环境利益诉求的差异,在区域环境协同治理中,各地政府往往缺乏深层次的体制和动力保障,常出现选择性合作、区域政策落实不到位等问题。例如,2020 年 1 月,上海市政协委员杨文悦在上海市政协十三届三次会议上指出,在长三角地区的一体化协作中,环境监管仍面临"调查取证难、执法监管难、行政协作机制不健全"这三大难点,并指出,长三角区域各政府虽然采取"集体磋商"的方式形成协作关系,但这种非制度性的协作关系缺乏必要权威性和有效性①。

二是,从纵向上看,在现行的体制下,我国地方政府的环保部门长期以来处在"双头领导"的夹缝中,既受上级环保主管部门的业务指导与监督,又同时受地方政府的领导与监督,但是,由于其财权和人事皆受地方政府拿捏,因而地方政府对其环保部有着实际的掌控力。这就导致,当环保监管与地方利益相冲突时,环保部门不免在政府的强行干预,而大大削弱了权威性和有效性。也正是这种监管弱化的局面,使得地方政府在贯彻落实中央生态文明建设的决策部署中,常常出现慢作为、不作为甚至乱作为的现象。

再次,生态环境监管的全社会参与不足。政府监管、企业治理、群众监督是生态环境监管制度体系中的三大责任主体,因此,生态环境监管除了要发挥政府的行政强制力,还要强化企业的自身约束力和社会大众广泛的监督作用。然而,我国目前的生态环境监管仍主要强调政府行政力量的主导作用,社会和市场在生态环境监管中的潜力尚未充分发掘。对于企业而言,我国传统的"督企"模式,往往采取"以罚代管"的形式,常常在罚款之后便对企业的污染行为熟视无睹。这种实质上是放纵污染的监管方式,由于违法成本远低于企业违法暴利所得,事实上助长了企业肆意排污的嚣张气焰,使其宁肯"长期受罚",也不愿改造升级、主动控制污染。此外,支撑企业自觉控制污染的市场激励和约束机制尚未完善,企业主动进行污染防治的动力不足。对于公众参与而言,作为环境污染直接受害者的普通群众,具有分布广、察情快、力量大的天然优势,能够成为环境监管的先锋哨、违法行为的曝光者和政府环境监管执法的重要支撑力量。近年来,随着民众环境维权意识的日益提升,虽然环境污染的群体性抗议事件频发,但囿于我国对公众参与环境监管的法律规定不具体、公众参与渠道不通畅,且政府环保信息公开性不足、对公众反映问题接收与反馈较差,公众参与环境监管仍处于发声难、参与难、监督难的困境。

最后,环境监管执法科学化、规范化水平仍需完善。环境监管执法作为我国

---

① 在会议现场,上海政协委员列举长三角环境监管部门的"三难"[EB/OL]. https://mp.weixin. qq.com/s/L_6Hum86GOjlYD3iop7iRw. 2020-01-18.

环境保护领域的一把"利剑",既是推动我国生态环境保护决策部署落地生根、得到有效贯彻执行的重要保障机制,也是发挥行政效力,督促企业加快转型升级的重要动力机制。近年来,我国充分发挥政治优势和制度优势,通过生态环境强化监督执法和环保专项执法行动等系列措施,以前所未有的力度推进防污攻坚战,在取得显著成效的同时,也暴露出一些问题。从中央自上而下的环境督察来看,主要表现在:一是组织形式较为分散,与地方政府协调配合不足,且督察考核过于频繁,督促过程中形式主义、官僚主义和地方基层的焦躁厌战情绪较为突出。二是成本效益较低。由于部分督察工作未能真正结合地方实际情况,做到督在关键、查在要害,导致无法帮助地方发现制约其环境质量改善的关键问题和核心问题。同时,由于督察任务重,地方基层在人员抽调、交通住宿和督察接待等方面,付出了大量的行政资源,有些基层甚至不堪重负。从地方开展的环境监管执法来看,根据中央环保督察及其"回头看"反映出的问题,主要表现为两个极端:一方面是地方政府不作为,敷衍督察整改甚至弄虚作假的现象严重,如云南昭阳市在对中央第一轮环保督察作出垃圾处理场的整改承诺后,时隔两年依然不作为;广西梧州市饮水水源保护区环境风险突出,当地政府十年不作为,在未落实整改的情况下却公示申请销号①。诸如此类现象比比皆是。另一方面是地方政府乱作为,监管执法方式简单化、"一刀切"式现象突出。比如,地方政府在面对中央督察的高压态势下,对企业采取了紧急停工、紧急停产、紧急停业等简单粗暴的方式,既损害了合法企业的切身利益,也严重影响了当地的正常生产生活。

三、完善环境监管机制的建议

保护生态环境,维护生态文明,加强监管是关键。只有实行最严格的监管、最严密的法治,才能充分发挥和进一步增强制度在生态环境保护中的导向、协调、激励和约束作用。针对当下我国环境监管机制有效运行的阻碍,可从以下几方面予以完善。

（一）制定完备的法律制度,为生态环境监管提供法律依据

完备的法律制度是生态环境监管各责任主体共同遵循的行为准则,也是提升环境监管系统化、制度化、规范化水平,进而提升环境监管机制高效运行的前提和保障。一是要组建起由生态专家组成的法律研究小组,发挥其专业和经验

---

① 环保督察"回头看":10 省市无一幸免,呈现三大乱象[EB/OL]. http://m.feedtrade.com.cn/article? classid=1609&id=2091997#/.2018-06-27.

的优势,借鉴欧美国家的环境立法经验,结合我国大气污染、水污染、海洋污染等现实情况,推动我国环境保护的整体性、综合性立法,既保证不同环保法律的独立性,又增强其系统性和协调性,以解决当前我国环保法律碎片化而导致的环境监管职权重复交叉、边界不清的问题。二是针对我国环境监管法律授权精细化不足、完备度不高的问题,在法律制定的具体内容上应进一步梳理清地方各级政府、政府环保主管部门及其相关部门在环保工作中的职责权限。尤其是要精细化设置各责任主体在特定环保事项中的职责分工以及在重大环境监管事务中的决策与协调职责,防止因权责不明而导致环境监管的越位或缺位。此外,推动跨区域环保治理的法治化进程,特别是针对当前跨区域行政组织权威性和有效性不足的问题,需要对其地位和职权予以坚实明确的法律授权,以确保建立起有权威、有效率、执行力强的跨区域行政机构。三是在遵照我国环保基本法的前提下,地方也可结合当地环保监管的实际需求,探索有利于环保监管工作开展的法规条例。如上海市生态环境部为精确掌握其辖区内环境监测机构地址、人员配备、监测项目等重要信息,探索出了一套行之有效的社会化环保监测机构的备案管理制度,并在《上海市环境保护条例》中予以明确规定,这为上海市环境监管工作的有效、精准开展提供了有力的信息保障①。

(二)完善中央环保督察工作,发挥中央权威效力

长期以来,囿于根深蒂固的"官本位"思想和经济利益至上的发展理念,政府与企业利益合谋、中央环保政策落实不到位、环保监管宽松软等环境治理失灵现象在我国地方环境治理中时有发生。这说明,打好防污攻坚战仅靠地方政府各自为政是远不足够的,还需要充分利用我国特色社会主义优势,借助党中央绝对权威的威慑力,压实地方环保责任,以有效解决地方环境治理中的"痼疾"和"顽疾"。正是在这一意义上,2015年7月,中央深改组审议通过了《环境保护督察方案(试行)》,将环保部原有的"环保督察"上升为"中央环保督察",并把落实环保领域的"党政同责、一岗双责"摆在突出位置,实现了我国环境监管机制的重大转变。就其制度性质而言,中央环保督察作为一种嵌入型、运动式治理机制,能够突破科层体制,以"猛药治沉疴"的方式,将中央的环保部署在短期内压实到地方各领域、各部门;就其内容上看,中央环保督察有力扭转了长期以来我国环境监管"重企轻政"的局面,在力度上,则是实现了从"拍苍蝇"到"打老虎"的转变,充分彰显了中央政府对环境污染和生态破坏的"零容忍"态度以及打好防污攻坚

---

① 上海市环保局.上海市环境监测社会化服务机构管理办法[Z].2016-07-29.

战的必胜决心。

当下,中央环保督察在河北、福建、湖南等地开展的"轰炸式"环保督察,已经取得显著成效,但也暴露出"一刀切"式治理、基层负担过重、地方整改敷衍等问题。为进一步完善中央环保督察工作,当从以下两方面发力。从中央的层面看,要进一步划清中央环保督察组的问责依据和权限范围,理顺中央与地方的权责关系,明确中央环保督察的宏观监督地位,避免其对地方环保事务的直接"插手"和干预;规范中央环保督察的工作流程和工作方式,合理设定督察周期,简化督察的接待和保障安排,杜绝形式主义和官僚主义,以免给基层造成过重负担;建立起中央环保督察的省级派出机构,发挥其驻地优势,落实地方督察整改,将运动式督察转变为常态化督察;强化中央环保督察"回头看",破除地方对突击式检查敷衍应付、弄虚作假的投机心理,以形成督察整改的长效效应。从地方的层面上看,地方政府要以高度的政治觉悟,切实增强做好迎检工作的责任感和紧迫感,不可抱有暂避"锋芒"的侥幸心理;在督察前,要重点针对辖区的历史遗留问题、群众强烈反映问题、督察重点关注问题等进行自查自纠,同时完善迎检材料,全面梳理、严格审核、现场核查、规范报送,不得迟报、漏报,更不得敷衍了事;对于督察所反映的问题,要有"刮骨疗毒"的决心,对症下药,落实整改。

(三)改革生态环境监管体制,破除环境监管"碎片化"难题

首先,进一步推广环保机构的垂直改革,破除环保监管中的地方保护主义。 长期以来,由于我国的环保部门都隶属于地方政府,且财权、人事等要素皆受到政府钳制,导致其履职时往往陷入严打环保与冲突地方利益的矛盾,松软监管又将遭群众唾骂的两难处境。为破除这一难题,切实增强环境监管的独立性、权威性和有效性,自 2016 年以来,我国开始了省以下环保机构的垂直改革试点实践,通过将环保相关的人事权、财权等要素上收国家,由环保系统统一调度分配;将环境监察权上移至省以上的生态环境部,而执法权则纵向下沉至县区级的生态环境部门,形成了省以上环保部主责"督政",县区级环保部主责"督企",市一级环保部既负责属地执法,又统筹协调的垂直管理体系,从而赋予了各级环保部门以实权,有利于消除长期以来地方保护主义对环境监管执法的掣肘。目前,率先试点的河北省已基本上完成了省级的"垂改"工作,同时创新性地建立了环境监察专员制度,进一步落实了环境监管从"查企"向"查企与督政并重"的转变。这一改革也在实践中取得实效,如河北敬业钢铁有限公司由于是石家庄平山县的第一利税大户,长期以来,当地环保部门都处在查不动、罚不了的窘境中。"垂改"后,通过省级执法直查和交叉执法,有效避免了当地政府的干预,这家公司的

违法排污行为才得以被立案处罚。这一成效,按河北省环境综合执法局常务副局长任立强的话说,是"推开了推不开的大门,跨进了进不去的企业"①。

其次,探索建立权威的跨区域环保行政机构,实现跨区域环境的统一监管。长期以来,虽然我国的长三角、珠三角和京津冀等区域在跨区域环境协作治理上,已经探索出了如领导小组、联席会议等协作模式,但由于这类模式多是各政府集体磋商形成的临时合作模式,缺乏制度化和必要的法律授权,以致权威性、有效性不足,难以对各地方利益和环境监管职权实现实质性的统筹整合。因此,探索建立起权威的跨区域环保行政机构既可以使环境监管体制更好地适应于环境资源的流动性和区域关联性特征,也能够有效解决当下跨区域横向协作机制缺乏权威性和有效性的问题。目前,我国已经出台了相关的政策指导意见,如在流域综合监管领域,出台了《按流域设置环境监管和行政执法机构试点方案》,并在江西九龙江流域开展试点;在大气污染防止领域,出台了《跨地区环保机构试点方案》,并在京津冀地区开展试点实践。在结合政策指导意见的基础上,当下应进一步考虑的是,该机构应该如何设置和进行功能定位的问题。以跨流域机构设置为例,借鉴美国田纳西流域管理局、澳大利亚在墨累-达令河流域设置的联邦-州地方三级统一的管理体制,我国的流域环境监管行政机构或可实行对中央直接负责的统一管理、垂直领导体制,并把相关环境监管行政职能统一规划、重新划分,同时,由该机构负责对区域环境政策和制度的整体统筹和具体落实。如此设置,既有利于阻断其他利益相关部门对区域环境监管的干扰,保障环境监管执法的严肃性和公正性,同时,有利于确保中央和地方在区域环境治理中达到集权和分权的平衡,以切实提高区域环境监管的权威性和有效性。不过,垂直管理体制仍存在自身监督缺位的可能,因此,应建立配套的监督机制,尤其是加强公众和环保组织监督,更多发掘社会监管的潜力。

(四)激活生态环境监管的社会潜力,形成监管主体的多元参与

充分发挥政府的主导能力、企业的行动能力和公众的参与能力,是生态环境监管形成强大合力的重要基础。针对时下环境监管中企业行动力缺乏、公众参与力不足的现状,一方面,应切实提高企业控污转型的自觉性和主动性。通过建立政企环境合作伙伴关系,以企业为主体、政府辅助管理的模式,采取非强制性措施督促企业在环保中的自我约束和自我改造,推动生态环境治理效果的最大

---

① 人民日报肯定河北环保垂改三大亮点〔EB/OL〕. https://m. sohu. com/a/229846129_99956889? strategyid=00014. 2018-4-28.

化;充分发挥市场激励与约束机制的作用,推行排污许可证制度、排污权交易制度、自然资源有偿使用制度等,同时,对进行绿色生产的企业予以奖励和补贴、实施绿色金融贷款政策、征收环境保护税等,激励企业自主自觉进行控污减排,实现转型发展。此外,还可通过环保教育,提升企业家的生态保护意识,提升其社会责任感,将污染治理与绿色生产意识内化为企业家责任感和道德感的一部分,主动承担污染治理的责任。另一方面,加强社会大众对生态环境监管的广泛参与。完善生态环境监管执法的信息公开,保障人民群众对环保治理的知情权和监督权;搭建多样化的环境污染举报渠道,积极受理、核查人民群众强烈反映的环境污染问题,一经查实,要严肃执法,予以群众正面反馈;建立环境污染的公众举报奖励制度,提高公众对生态环境监管的参与热情和积极性;建立环境监管执法结果的公众评价评议机制,以确保政府的污染治理确实满足人民群众的要求。目前,公众参与环境监管在地方已有较为广泛的实践,如在法律授权上,有《河北省环境保护公众参与条例》《昆明市环境保护参与办法》等,在实践形态上,如江苏省开展了"环境信息圆桌对话制度",开辟了公众在政府环保治理和企业转型发展中提出诉求、建言献策的新渠道。

(五)实施精准治理,提升生态环境监管执法的科学化水平

首先,"目标要准",围绕"散乱污"这一核心,精确"制导"。 长期以来,"散乱污"企业的整治一直是我国环境监管的痛点和难点。因此,环境监管执法这把"利剑"首先要指向这类企业,即使在"放管服"的要求下,对于这类企业也要"严"字当头,切不可"监管放水"。建立起拉网式排查,摸清每一个"散乱污"企业的情况,设置清单,不让一个"散乱污"企业成为漏网之鱼;对于人民群众反映强烈的突出环境问题,要盯住不放,采取有效措施,坚决予以惩治;对于违法违规、污染严重、难以实现改造升级的企业,要"精确打击"、依法取缔关停,严防死灰复燃。通过精准锁定目标,淘汰落后产能,为有发展前途的企业,腾出空间、营造环境,从而为推动经济发展方式的绿色转型创造条件。

其次,"措施要准",做到因案施策、靶向治疗。 在打好防污攻坚战的过程中,实施铁腕治污虽是必不可少的,但也要看到的是,一些企业对于绿色转型并不是意愿不足、决心不够,而是客观上缺技术、缺人才、缺路径。如果对这些企业也采取简单粗暴的"斩立决"执法方式,既有违企业"环保与发展当兼顾"的善治诉求,也不符合以环境监管倒逼企业转型升级的发展要求。因此,环境监管执法要加强服务意识,而不是滥用权力,在对企业施策前,当组织力量对企业进行"把脉问诊",找准阻碍企业转型发展的痛点、难点和堵点,而后对不同企业实行"一企一

策",精准滴灌,如对于需要达标整改的企业或涉及民生的环保问题,当予以合理的"调理康复"期,避免层层加码、层层提速;对于管理有效、坚决守法的企业和改善民生的项目,可将其列入"正面清单",减少监管频次,切实给企业减负降压,以免干扰正常的生产生活。总之,实施精准治理,就是要针对不同的"病情",该严则严、该帮则帮、该扶则扶,制定个性化、多样化的方案,以切实提高生态环境监管执法的科学化水平,为高质量发展清除阻力、增添动力、释放活力。

当前,在我国"放管服"深化改革的要求下,各地方政府已开始逐渐调整并创新环境监管执法的方式方法。如浙江、广东、江苏、上海等地采取"点对点"帮扶模式,引导企业转型升级、解决环保突出问题;厦门市在创新"双随机"检查方式、加强常态化检查,落实严格执法的同时,亦开展"送政策、送技术、送法规"服务活动,建立起查处案件回访机制和合并检查机制,加强了对重点企业的服务保障;河南省坚持靶向出击、有的放矢的思路,组建起环保专家顾问组,以"主动上门、分类指导、按需供应、精准服务"为方针,对企业的环保问题免费进行"把脉问诊";山东威海市则加强了环境执法的精细化管理,实行了"一河一策一人""一企一策一人""一囱一策一人"的管理制度。

第五节　灵活的危机应对机制

危机应对机制是指,在生态治理过程中,政府部门协同企业、公民、非政府组织等社会主体,在应对突发性自然灾害、重大环境污染等危机时,通过监测预警、社会动员、协调联动、损害评估等手段,有效防治危机、及时止损的工作机制安排。当前,中国的改革发展正处于全球生态现代化的潮流进程中,正探索走上一条加速进入后工业社会的具有中国特点的发展道路。在这其中,生态文明制度建设已然成为一项重大战略部署,嵌入我国社会经济发展的各个方面、各个环节之中。然而,由于我国长期以来的粗放式发展模式,造成的城市无限扩张和环境敏感区域的过度开发,大大增加了我国环境自然灾害爆发的可能性,这颗危害大、扩散广、影响深远的"不定时炸弹",严重威胁了我国推进生态文明建设的实际进程。因此,建立灵活的危机应对机制,使我国的危机治理步入制度化、程序化、规范化的轨道,以实现危机治理的预防为主、防治结合,是当前落实我国生态文明制度建设的必然要求。

一、建立灵活危机应对机制的重要性

21 世纪，全球化、信息化的飞速发展使得危机事件成为影响社会安定的"不定时炸弹"，而生态危机则以其危害大、扩散广、影响深远等特点成为直接关乎人民群众切身利益的首要"危机事件"。一旦政府在现代生态危机事件中处理不当，则极易致使政府的公信力受损，引发环境、经济、政治的多米诺式连锁反应，甚至激化社会矛盾。基于此，科学、高效地解决生态危机事件，探索灵活的危机应对机制是生态文明制度建设所不可或缺的。

相较于历史上农业文明时代局部性、短暂性的生态危机而言，工业文明时代的生态危机更加呈现出整体性、蔓延性和潜伏性的特征。这主要表现在全球化背景下，对生态系统的任何局部破坏都能够影响整个自然生态系统，从而激发本地甚至世界经济、社会等领域的连锁矛盾事件。与此同时，生态危机的发生、发展过程具有一定的隐蔽性，其潜伏期一般难以察觉，而一旦爆发则对生态造成难以恢复的损失，极易成为影响恶劣、久远、广泛的灾难。因此，这些特征使得政府要与时俱进、因"事"制宜，制定科学、灵活的生态危机应对机制。可以说，灵活的危机应对机制能够在生态危机发生之前、发生过程之中和发生之后科学、合理地降低生态环境危机所带来的损失。具体而言，灵活的危机应对机制能够在危机发生之前，制定环境危机预案，时刻监测、预防生态危机的发生；在危机发生过程中，整理资源和力量，最大限度控制生态危机对自然系统的破坏，进而降低危机的负面影响，维持生态平衡；在危机发生之后，高效、科学地展开危机善后工作，汲取经验，为建设可持续发展的生态环境奠定基础。

近年来，我国正处于生态危机事件高发阶段，地震、水土流失、台风、森林火灾等环境危机事件多发而又猝不及防，其所造成的损失难以估量。这些都预示着在未来很长一段时期内，我国极大可能面临各种愈演愈烈的生态危机事件，加大我国生态文明建设的压力，给我国经济、社会的发展带来诸多不确定因素。从理论上来说，相较于资本主义发展方式，社会主义应该更加能够实现人与自然的和谐共生，走可持续发展的生态现代化之路。因此，高效、灵活地应对生态危机，及时缓解人与自然的紧张关系是对社会主义生态文明价值观的秉承和实践。从实践上来说，生态危机有效应对的根本路径就是推进国家生态治理现代化，提高治理能力的科学化水平、系统化水平、法制化水平和规范化水平。这就要求，要建立起完备的危机应对机制体系，通过规范和约束危机应对各主体、各层级之间的权力、职责和行为，加强各个主体、层面之间的横向联动和纵向协调，促使危机应对的各个阶段、各个要素和各个环节形成治理危机的强大合力，从而确保在生态治理过程中,能够有效、及时处理突发性危机这一重大威胁与隐患。从这个意义上说,建立完备的危机应对机制对于推进我国生态治理水平和能力的现代化具基础性和保障性的功能价值。换言之,如何进行科学、及时地危机预防预报,迅速、准确地采取针对危机的措施,建立以人为本、灵活高效的危机应对机制成为衡量政府公共服务能力的标准之一。

二、当前我国危机应对的存在问题

基于我国特色社会主义的政治优势和制度优势,以及长期以来危机应对的经验总结,我国的生态环境危机应对已经形成了一套基本模式,即强调国家在危机治理过程中的主导作用,以统一权威的顶层指挥管理系统,自上而下地整合社会资源、动员社会力量,从而为危机应对提供强大的政治、组织、制度和资源的强大保障。不过,当前我国危机应对机制的进一步完善还存在以下几方面缺陷。

首先,危机预警存在缺陷。 所谓危机预警,即在危机发生前,通过多种渠道捕捉到关于危机爆发的信息或信号,及时采取有效地应对措施来防治危机的发生。当前,我国的生态危机预警存在以下不足。

一是,危机管理责任部门的分散导致预警信息收集不全。当前,我国生态危机管理主要以分地区、分部门、分灾种的单一灾情管理。如森林火灾,主要以当地森林防火救灾指挥部负责;洪灾的管理救援则以当地防洪救灾指挥部负责;地震灾害则以当地抗震救灾指挥部负责。尚没有建立起不同部门之间危机管理的协调协同机制,有关危机发生的危险信号或信息也主要由责任地区单一部门专门人员负责收集,没有建立起灵活的信息收集渠道或办法,极易导致危机信息或信号收集不全、迟滞甚至失真。

二是,危机预警与公众的有效接收不匹配。危机预警信息的发布不仅应包括对危机发生严重性及其后果的判断,更重要的是,要强化"预警即沟通"的观念,准确告知民众及时采取有效的避险措施。然而,由于我国目前的预警信息的发布方式还过于抽象,且部分地区的民众仍缺乏基本公共安全知识教育,导致公众难以有效接收政府部门发布的预警信息。例如,2012 年,北京市特大暴雨造成了 79 人遇难,虽然,在当天北京气象台连续发布了 5 次预警信号,但是,由于民众对预警颜色的内涵一无所知,就没有及时采取避险行动,造成了重大人员伤亡。

三是,危机预警信号报送与传达的等级限制导致危机预警易错失先机。及时的危机预警能够在全社会发挥最大程度的警醒作用,能够动用最大社会力量防治危机,并将危机灾害降到最低。但由于我国生态危机管理主要以分地区、分部门、分灾种的单一灾情管理模式,危机预警信号的发布往往由地区最高责任部门发布,较低级别的灾情管理部门尚无权力发布相关信息,需经过乡(镇)、县、市、省等级别的层层报送相关信息,省级相关部门还需报送中央相关部门,在获得允许后再次逐级回馈,在这样的逐级报送、逐级反馈的过程中极易错失危机预警信号发布的最佳时间,往往会酿成严重后果。

其次,危机处理中应对机制存在缺陷。在生态危机爆发后,能否在最短时间内有效处理好危机,是检验一个国家生态危机处理中应对机制建设是否完善的重要方面。随着新中国成立以来生态危机事件的频繁发生,我国政府的危机管理能力和管理水平日渐提升,但在危机处理中应对机制方面还存在诸多的不成熟,仍需进一步改进与完善。

一是,缺乏危机应对处理权威部门的统一领导和指挥。生态危机涉及领域宽泛,既有土壤森林、河流生态,也有地震台风洪水等方面的灾害,在我国主要由各地区相应部门管理,且形成国家(中央)—省市(自治区)—县等级管理模式,分地区、分部门、分灾种进行单一管理,且较低级别的管理部门缺少实质性的决策权,各灾种对应的管理部门也主要限于防治、救援等方面,综合管理能力存在欠缺。这种条块分割的管理体制,往往在实践中会出现因多头管理而产生的横向部门利益分割、信息收集不全的"孤岛现象",致使危机应对难以高度整合资源,形成合力。

二是,公众参与危机应对的主动性、自觉性不足。早在新中国成立初期,毛泽东同志就强调应对公共危机时,要充分发挥"党员干部、科学家、人民群众"三者的合力,人民群众是国家的主人,是历史的创造者,是一切社会活动的主要参与者,在应对生态危机处理过程中发挥着重要作用。但当前,我国生态危机处理过程中主要以政府相关部门、人民军队组成,人民群众也习惯于政府的统一管理统一负责方式,各种危机的应对处理主要依赖于政府的统一部署,人民群众自发组织、不同性质的社会自发组织参与到危机应对处理中,以帮助应对危机、帮助灾后重建恢复等方面的积极性和主动性不高,尤其是受灾区以外的普通人民群众的主动性和积极性更有待进一步促进和提高。

三是,缺乏公共危机综合应急反应机制。随着生产力的不断发展,近些年来,生态危机爆发带来的影响往往涉及公共生活领域,换句话说,生态危机带来的影响更加广泛、全面,关系到国家、社会、人民生活的方方面面。但当前,我国在应对公共危机的综合应急反应机制仍不健全。如缺乏公共危机财政应急反应机制,没有建立专门的、有相关制度保障的财政应急反应机制;缺乏健全的公共卫生防控管理机制,不同地区尤其是经济欠发达地区尚未建立起健全高效的公共卫生防控管理机制。

再者,危机评估反馈存在缺陷。生态危机的评估反馈是有效应对危机的重要方面,危机前预警信号的评估反馈关系到危机应对具体实施举措,危机中应对机制的评估反馈关系到危机处理的有效性高低,危机后各方面的综合评估反馈关系到健全和完善相关危机应对机制。当前,我国在危机评估反馈方面仍存在一些需要完善和改进的地方。

一是,危机前预警信号的风险评估反馈存在漏洞。由于各地区经济发展质量等多方面的差异性存在,我国不同地区的危机应对部门能力存在千差万别,欠发达地区危机管理部门实力较低于发达地区危机管理部门,灾难多发地区危机管理部门实力优于灾难鲜少地区危机管理部门,东部沿海大城市危机管理部门实力高于内陆偏远地区危机管理部门,因此造成不同地区对预警信号的风险评估存在千差万别,重视程度的不同导致预警信号风险评估存在错误、失真现象,直接导致危机的加速爆发。二是,危机处理过程中应对机制的评估反馈被疏忽。大型生态危机爆发带来的影响是多方面的,涉及多个区域的,甚至给全国带来影响。当前,部分地区在应对危机过程中生搬硬套、照抄照搬其他地区有效模式,忽视了结合本地区实际情况进行的全面评估反馈,极易导致危机应对处理效果欠佳、错失管理最佳时机等现象。三是,危机后的各方面综合评估反馈不健全。生态危机的妥善处理尚不是危机处理的终点,还需要对危机处理作出科学、全面的评估反馈,以准确评估危机带来的影响、造成的损失,准确评估政府和相关部门在危机应对过程中的各方面能力、职责及其表现,以形成全面、科学、有启示意义的反馈结果,以促进相关部门实施改革措施,提高我国生态危机应对能力和水平。当前,我国仍缺少在危机处理结束后的关于政府作为、机制效应等各方面的评估反馈,尚没有形成一个危机应对处理的长效机制,极易导致在下一次危机爆发时的无头绪、盲人摸象问题。

三、我国危机应对机制的优化路径

有效解决当前我国生态危机应对机制存在的问题,需要在坚持习近平新时代中国特色社会主义思想的指导下,贯彻落实习近平关于生态文明思想的基本要求,结合当前我国生态危机应对机制存在的问题,通过多种渠道和方式建立健全生态危机应对机制。

(一)健全危机的事前预防机制

从危机管理生命周期来说,有效的危机应对应该从预防减缓阶段开始,少花钱预防,而不是多花钱治理,已经是危机应对的一种基本理念。对此,当从以下几方面着手深化。

首先,建立完备的危机监测预警体系。一般来说,生态危机或自然灾害的发生虽然具有突发性的特点,但事实上,危机爆发作为一个从量变到质变的过程,总是会有一段潜伏期或警告期。这就要求,危机应对需要通过常态化监测预警,精准识别潜在风险、及时捕捉危险信号,力争在事发前或是及时控制危机爆发、或是及时采取有效措施应对,减少危机可能造成的破坏。对此,一方面要做好生态脆弱区、生态破坏区、自然灾害高发区和自然保护区等区域的常态化监测,同时,重点针对大气、水质、土壤、气候、地质等生态环境要素构建起海陆空三位一体的监测体系,使政府及各相关部门在危机发生前,能够充分察觉和预防已经出现或初露端倪的危机潜伏期的各种表现,采取相应的防控举措;另一方面,做好危机预警信息的收集和传递工作。在信息收集方面,既要搭建起各级政府、部门之间的、毗邻地区政府及其相关部门之间的信息搜集沟通和共享机制,也要汇聚各方力量,拓宽公众提供信息的渠道和方式,促进危机应对当局能够及时充分了解相关危机信息,以便在最短时间内形成最高效的危机应对举措。在预警信息传递方面,关键是要做好权威部门预警与社会公众接受之间的有效沟通,既要事先将专业机构研究发现的预警知识,以普通大众可理解、可接受的方式传递至社会各个阶层、各个群体,以启发公众面对预警信息时做出正确的行为选择,同时,建立起权威的预警信息发布体系,适当放宽地方危机预警发布权限,使有关当局能够在危机事发前审时度势,以直接、高效、简单易懂的形式向社会发布预警信息,以实现社会动员预警的高效性。

其次,完善多样化的危机应对计划。制定危机应对计划的目的,就是要在危机发生前,预先针对各种可能出现的情形,做好有关遏制危机、消除危机、灾后重建的应急预案,从而在危机突发之时,可以因案施策、有条不紊的应对各种情形,防止因应对不力而造成的不必要的社会恐慌和动乱。总体来说,危机应对计划应具备以下的关键要素:一是制定计划应以防灾减灾为首要原则,以人民群众生命财产安全的为大前提,重点突出计划的预测和防范功能;二是要实现危机过程的全覆盖,即通过长期专业的研究,力求摸清各类危机的潜在风险及其发展演化规律和防控减灾的关键节点,从而针对各防控节点提出有效的、可供选择的防控政策组合方案;三是制定计划要充分考虑危机治理的整体性和系统性,对政府各职能部门进行明确的分工,清晰划分其的管辖范围、具体落实主体责任,同时建立相应的制度规则和工作机制加以保障,以充分整合组织力量,加强危机应对的横向联动和纵向协调;四是遵循科学性和可操作性的原则,增强危机应对计划的程序化和规范化,并通过危机模拟的方式,既对计划各环节的有序运作和有效衔接定期检验、查缺补漏,同时提升各相关主体的领导能力和应变能力;五是要有风险假设的前瞻性,即针对危机事态发展的最坏情况,制定相关应急举措,做到临危不乱,防止事态的无限度恶化。

再者,完善政府部门的危机应急管理体制。我国在危机应对中的最大优势,便是发挥政府部门在危机应急中的组织领导地位,通过高位推动的政策源流,自上而下地整合社会资源、动员社会力量,从而为危机应对提供强大的政治、组织和制度上的保障。因此,必须完善政府部门的危机应急管理体制,以确保其组织领导优势的充分发挥。一是,要对政府部门的危机应急管理体制赋予法律保障,以明确的法律法规和制度规制明确政府各部门在危机应急管理中的职能、职责和职权范围,使政府部门在应对危机过程中有法可依,在保障公民权利的前提下,最大限度地发挥其管理组织职能。二是要建立健全政府危机应急管理的组织领导体系。努力建设以中央政府为核心、各级政府打好组合牌,党政齐抓共管的长效组织领导体系,充分调动危机所涉及各方面的积极性和主动性,以最快的速度和最高效的组织领导贯彻落实各项决策,调动一切可以调动的资源,依照应对计划有效控制和化解生态危机。

(二)健全危机的事中应对机制

危机的事中应对机制,是在生态危机或自然灾害发生后,危机应对人员能够迅速、及时做出正确决策和反应,通过权威指挥、精准施策、协调配合、高效行动,将危机的危害程度在一定时间内降到最低的相关机制。当前,我国应从以下几个方面健全生态危机的事中应对机制。

首先,建立集中统一领导的权威指挥系统。针对目前我国在危机应对中,因职能部门条块分割、多头治理而导致的权责不明、利益摩擦、行动相互掣肘等问题,有必要探索建立如领导小组工作模式的权威指挥系统,这不仅旨在充分协调政府各部门关系,以保障上级政策的切实落实和深入贯彻,还有利于凝聚起各方力量,形成全国、全地区一盘棋,为妥善应对并解决危机奠定领导组织基础。建立集中统一领导的权威指挥系统,要以党的领导为核心,以形成政府相关部门、公安、交通、民政、医疗、消防等各职能部门合力为关键,以科学指挥、依法指挥、有效指挥为主要内容,同时加强和强化对权威指挥系统的制度监督和人民大众监督,保障权威指挥系统的高效运行。此外,必须明确权威指挥部的建立并非是临时组建,要在充分整合政府常态职能和应急职能的基础上,将其定位为常设机构,进行常态化运作,通过持续研究应对突发危机的策略和行动细则,探索出应对突发危机战术战略的一般规律。

其次，建立高效的协调联控机制。基于生态危机或自然灾害爆发所具有的危害大、扩散广、影响深的特点，危机应对的多元主体共治目前已逐渐成为公共危机治理中的主导模式。在这其中，如何协调联动多元主体的利益关系和权责关系，以实现政府部门内部的横向与纵向之间、政府部门与群体组织之间的力量整合，在危机应对中占有重要地位。从我国目前的地方实践上看，虽然协调联动机制已逐步探索出了领导小组、联席会议、资源共享、信息互动等实践形态，但这些实践形态在实际运作过程中往往因部门利益诉求不同、职责分工不同等原因，而导致联动过程出现难度大、低效率、多阻隔等问题。因此，应重点从以下几方面改进协调联动的工作机制：一是明确危机应对各层级主体的共同目标和共同责任，以统一的目标导向和价值导向，权衡利益、整合力量，以发挥协调联动的最大合力；二是精准定位各层级主体的职责和危机应对能力，明确危机应对中的主责主体和协作主体，形成分工明确、权责统一的协调联动体系，促使各层级主体在统一指挥下，发挥各自优势，采取高效、有效的应对措施；三是建立稳定有效、常态运行的工作机制，由地方政府牵头组织实施，包括签订合作协议、定期召开联席会议、不定期进行危机应急演练、开展危机治理经验分享论坛等；四是深化扩展协调联动的要素内容，如人力资源、物力资源、信息资源、科学技术、治理经验等，以充分整合资源，更好地发挥出协调联动机制的效力。

再次，探索建立危机应对的"官民协作"模式。社会大众作为危机损害的切身利益相关者，是危机应对中不可或缺的参与主体。因此，危机应对除了需要政府发挥统揽全局、主导引领的作用，更需要广泛动员社会各界力量参与其中。日本作为一个自然灾害多发、高发的国家，在应对危机中形成的"官民协作"模式尤其值得借鉴。在这种模式中，政府不再是危机应对的唯一合法力量，装备精良和训练有素的救援团队，大量机动的救援辅助人员、医疗救护人员，具备公共安全知识且具有自觉性和主动性的市民团体、志愿者和共同法人，都是日本危机应对的参与主体，各居其位、各司其职，与政府部门协作共同应对公共危机。针对目前我国公众参与危机应对仍较为被动且缺乏相关专业知识的不足，借鉴日本相关经验，探索建立危机应对的"官民协作"模式，可从以下几方面发力：一是大力培育危机应对的社会组织，如鼓励社区居民成立各种防灾减灾，宣传公共安全知识的志愿者队伍；对一些危机应对的专业性团队予以政策、资金、技术上的支持，促使其不断提升自身能力，走向成熟。同时，政府应拓宽公众参与危机应对决策的空间和渠道，将社会组织的建言献策科学地纳入决策考量，与社会组织建立起良好的危机应对协作关系。二是提高大众的危机应对能力，培养危机应对的专门人才,如在中小学校设立应对危机的相关课程,在大中院校设立危机管理专业,培养具备专业知识的危机管理人才;通过网络新媒体传播正确的危机应对方式;鼓励社区、学校不定期开展危机应对的模拟训练,以切实帮助大众树立危机意识、提升危机应对能力。

最后,建立事中监督、评估反馈机制。 生态危机的影响往往具有影响范围广、持续时间长、治理难度大、不同地区表现各异等特点,因此在危机处理的过程中要建立事中监督、评估反馈机制。一方面,通过媒体、制度、网络等多种方式对危机应对各地区实行监督,有利于增强各地区落实危机应对政策的实效性,提高危机处理的透明性,防止出现形式主义、官僚主义、本位主义作风。另一方面,通过诊断性评估、过程评估、结果评估等多种模式对各地区危机情况进行评估反馈,有利于准确把握各地区危机影响的特殊性,采取科学有效的应对措施,避免一概而论,盲目处理危机。另外,对危机应对实行监督、评估反馈有利于及时评测危机应对的处理效果,发现存在的问题,并随时调整下一步的应对措施,对于有效应对危机具有重要意义。

(三)健全危机后的评估反馈机制

危机后的评估反馈机制,有利于充分评估反馈危机带来的影响,总结提炼相关经验,促进相应机制体制的健全,为未来潜在生态危机的应对奠定扎实的基础。当前,健全生态危机后的评估反馈机制,需要把握好以下两个方面。

首先,健全生态危机后的评估机制。 生态危机后的评估机制应囊括危机各个方面。一方面,既要将生态危机中包括公共设施、企业、个人物质损失,以及损失的数量、程度、重建等各方面纳入危机后的物质损失评估;又要将危机带来的生产、销售、就业、居民收入、居民生活各方面的直接损失和长远损失纳入危机后的经济损失评估。另一方面,要将危机带来的焦虑、抑郁等心理创伤纳入危机后的心理创伤评估,建立长效持续的评估回访、跟踪调查的机制,将受灾人群的心理创伤降到最低,并有效化解心理创伤。另外,要对政府、组织、群体等方面在危机应对过程中的作用发挥进行评估,总结有益经验和失败教训,发现成绩与不足,进而完善现有的危机应对机制,为未来的危机应对奠定科学的机制基础。

其次,健全生态危机后的反馈机制。 评估之余要有完善的反馈机制,以充分传达评估结果和评估意向,促进相关部门及时检讨、总结、改进,修订危机应对、管理的相关政策与决策,及时弥补和改进危机应对、管理等方面的缺陷,进而最大限度完善各项危机应对、管理、决策、计划与机制。当前,健全生态危机后的反馈机制,要坚持实事求是的基本原则,在尊重评估事实的基础上,形成正确、全面的反馈文件；在尊重不同地区、不同部门职责的基础上，针对性地提出相关反馈建议。

第六节　科学的绩效考核机制

完善生态文明绩效考评，构建科学的政府绩效考核机制，是落实我国生态文明制度建设的重要内容。生态文明绩效考核机制作为政府推进生态文明建设的"指挥棒"，不仅是直接评判政府部门推进生态文明建设成效的有力手段，更是促进和改善政府部门从事生态文明建设的驱动力。因此，将生态绩效纳入政府绩效考核体系之中，探索构建科学的生态文明绩效考核机制，是当下推进我国生态文明制度建设的必然要求。

一、构建科学绩效考核机制的重要性

在绩效考评过程中，考核什么、怎样考核、如何运用考核结果无一不体现着政府的工作理念，指导着政府的组织行为。从本质上说，绩效考评既能全面、综合地反映出政府各部门在实践工作中的素质和能力，又能够作为政府各部门之间人员调动、工作分配的参考系。随着物质文明的空前发展，人类不再一味追求经济增长速度，而是逐渐重视经济与生态的协调发展，考量人与自然之间的和谐共生，特别是在当下的社会主义中国，尊重自然、顺应自然、保护自然已经成为经济"新常态"下，引导我国走可持续发展与绿色发展道路的重要价值理念。因此，与当前工作相匹配的生态文明绩效考评也必然要应运而生。相较于传统政绩考评的方法和内容，生态文明绩效考评对于加快推进生态文明建设，具有重要意义。

首先，生态文明绩效考核有助于落实政府的生态责任。一方面，通过将环境保护、经济可持续发展等硬性指标纳入政府绩效考核，使政府端正对生态文明治理和建设的态度，从而强化自身责任意识，在进行生态文明治理的过程中兼顾多方利益，审慎制定相关政策，扭转其"先污染、后治理"的短视行为，尽力促进生态治理由末端治理向源头治理的转变，同时兼顾经济增长和生态价值发挥，自觉、主动地防止以牺牲环境换取经济发展的行为发生。另一方面，将政府生态治理绩效的好坏与其奖惩直接挂钩，最大限度地激励相关工作人员的积极性，促使他们在生态治理工作中积极发挥主观能动性，同时，规范政府的生态治理行为，约束其在生态履职上的不作为、乱作为现象，从而有意识地主动地推进生态文明建设工作。

其次,在确保生态文明建设与发展的方向的同时,为其提供决策依据。我国生态文明的建设事业还处于起始阶段,在生态文明建设的推进工作上往往还处于摸索阶段。而将生态文明建设的政绩引入政府绩效考核,有利于清楚地从多个方面反映出政府生态文明治理与建设的进程、工作成效以及不足,无疑为生态文明建设指明正确方向。同时,通过对生态绩效考核结果的分析,也有利于作为责任主体的政府反观自身,深入剖析当前在生态治理各个环节上的问题以及纰漏,并在分析与总结的过程中找出当前政策的不足之处,及时调整工作方向,查漏补缺,完善生态文明建设工作的细微之处,从而确保其生态治理工作的良性循环、不断优化,保障生态文明建设的健康有序发展。

最后,优化生态考核机制有利于提高生态文明建设的工作质量。生态文明建设自身的复杂性决定了对政府的生态文明建设的考评具有一定的难度。优化生态绩效考核机制,通过生态政绩考核的数据展示及分析,使得生态文明建设的效果能够以量化、科学的形式展现出来,直观反映政府生态文明建设的细节成果及其不足。同时,通过对生态政绩考核结果的深入分析与总结,能够对当前实际中生态文明建设的状况有整体和细节兼具的把握,对当前发展的实际状况也能有相对准确和清晰的认知,从而有利于进一步推进政府的生态治理与建设工作。

二、当前我国生态绩效考评机制的运行障碍

首先,绩效评估指标体系设置生态化落实不足。指标体系的科学设置是绩效考评机制有效运行的前提和依据。虽然,自生态文明建设提上日程以来,在中央的大力倡导和地方实践的积极推动下,我国地方政府的绩效考评指标体系设置,已经逐渐由传统的"以 GDP 论英雄"向"以绿色 GDP 论英雄"的模式转变,但是,仍应看到的是,部分地方的生态政绩指标体系设置呈现的却是虚假繁荣的景象,绩效考评指标体系设置的生态化依然落实不足。

一是,从主观上看,部分地方政府仍没有突破"以 GDP 论英雄"的传统思维,在社会经济发展评价体系设置中没有突显出生态文明建设的重要地位。主要表现在:其一体现生态文明建设的指标权重赋予不足。尽管,自党的十八届五中全会将"完善生态文明绩效考核"纳入生态文明制度建设的"四梁八柱"以来,各地方政府在贯彻落实生态文明制度建设要求中,已经开始把资源损耗、环境污染、生态效益等生态指标纳入其社会经济发展考评体系中,但是,相比于仍然占据主导地位的经济发展等指标,生态指标的权重赋予显得微乎其微,难以有效对地方政府的生态文明建设起到激励和约束作用。例如,在河南省 2017 年印发的《关

于河南省省直管县(市)经济社会发展考核评价办法》中,其考核评价定量指标体系设置仍赋予"经济规模质量效益"以56%的权重,而体现生态文明建设的"生态环境和可持续发展能力"的指标权重不过15%①。其二指标体系的设计欠缺长远性与可持续性。众多指标只看到了短暂的、眼前的经济利益和其他看得见的利益,而忽视了资源可再生、环境可持续、生态可循环等长远的可持续发展的指标。

二是,从客观上看,必须承认生态指标的科学设置具有一定的难度和挑战性。主要表现在:其一,生态指标不同于经济指标,也不同于一些社会民生指标,它不仅更具抽象性和隐性,且生态治理成效的显现也往往需要更长的时间检验,这就导致某些生态指标设置难以采取一些直观可视、可具体参考的量化标准,而只能采取一些定性标准,从而增加了考评的主观随意性;其二,由于我国幅员辽阔、地区发展不平衡,各地区的自然资源禀赋、生态环境基础和环境承载力上限等因素具有显著差异,如果各地区采取"一刀切"式的考评标准,就难以做到因地制宜、使绩效考评效果大打折扣;其三,由于技术限制的原因,我国目前的生态绩效考评主要采取如以绿化覆盖、耕地面积、污染物减排等一些可以计算的粗放指标为主,没有对此进行具体的细化,导致无法深入全面的考评生态政绩。

其次,政绩评估主体单一化。评估主体,即解决"谁来评"的关键问题,一方面,评估主体的独立性关系到评估过程的客观公正,另一方面,评估主体的专业性则关乎评估结果是否科学有效。目前,我国地方政府政绩评估主体的单一化问题仍较为严重,主要采取的是行政体制内部的上级主管部门评估下级和地方政府内部互评的两种方式。虽然,行政体制内部的评估方式有助于发挥组织目标上传下达便捷、信息资源高效整合、加强政府部门工作横向比较等实际作用,但是,其存在缺陷也同样突出,如在上级对下级的评估中,容易造成因"领导意志"致使的评估主观化、因下级应付敷衍上级致使评估形式化等问题,而在政府内互评中,由于评估主体与当地政府的利益和权力过多纠缠,独立性缺失,也导致其评估的公正性和客观性饱受质疑。此外,生态文明建设是一项具有整体性、系统性和全局性的工程,不仅是简单的环境保护问题,而是涉及社会、经济、政治的方方面面,显然传统以行政学、管理学为理论基础的评估模式已应付乏力,并且人民群众作为政府生态治理成效的切身感受者和风险承担者,生态文明建设得好不好,归根结底要由人民群众"满意不满意"来评断。就此而言,强化政府绩

---

① 河南省人民政府办公厅关于印发河南省省直管县(市)经济社会发展考核评价办法的通知〔EB/OL〕. http://m.henan.gov.cn/2017/05-15/248932.html.2017-04-28.

效评估的社会参与,引入专业化、独立化的第三方评估以提升评估的科学性和客观性,拓宽政府绩效评估的公众参与渠道,以提升评估的社会认可度和公众满意度,是当下考评地方政府对生态文明制度建设要求落实程度所不可或缺的。然而,就我国目前政府绩效考评的社会参与来看,一方面,受政策、资金、人才、资源支持不足的影响,我国的第三方评估主体尚未发育成熟;另一方面,人民群众参与政府绩效评价仍处于渠道有限、方式单一的困境。

再次,政府绩效评估结果运用仍不完善。科学绩效考评的目的在于获取客观、真实的考评结果,一方面,将考评结果与官员的奖惩挂钩,以起到激励和约束的作用;另一方面,通过结果的有效反馈和落实,推进政府自我反省,以指导推进下一阶段工作的质量优化,促进科学循环。然而,就当前我国地方政府生态政绩评估的结果运用情况来看,"为考核而考核"致使结果运用流于形式的问题较为突出。

一是,存在考评结果失真现象,导致结果运用有失公允。由于我国政府绩效评估主体单一、主观随意性较大,且支撑监测统计生态文明建设信息的设备、技术、人才等还相对匮乏,这就导致地方政府绩效考评结果的信息呈现,往往会出现不全面、不精确,甚至人为的造假数据、虚假报表,出现"注水政绩"的情况。如2016年,西安环保局就出现过官员为粉饰政绩,用棉纱堵塞空气采样气体,致使空气质量检测数据异常的情况①。

二是,考评结果运用与干部奖惩脱钩,导致其应发挥的激励与约束效力不足。一方面,当前,我国生态政绩考评的激励主要以奖金为主,而较少与官员任免、晋升、赋予荣誉等其他激励方式相结合,这在很大程度上不能有效满足被评估对象的多元利益需求,使其在生态文明建设中的积极性和主动性大为消减;另一方面,具体实践中,普遍存在"重奖励轻处罚"的现象,官员生态治理失责渎职的追究往往"雷声大雨点小",这导致考评机制本应发挥的约束作用形同虚设,也就相应助长了地方官员消极对待生态文明建设的"无所谓"态度。

三是,考评结果的反馈机制缺失。政府生态绩效考评的最终目的并不在于赏罚,而在于将结果信息有效反馈至相关责任主体,敦促其发现问题、凝练经验,进而优化下一阶段的工作质量,以实现绩效考评的良性循环。然而,我国目前生态绩效考评的地方实践普遍存在要么是止步于考核阶段,只考核无奖惩,要么止

---

① 西安环保局官员为政绩用棉纱堵空气采样器,被带走[EB/OL]. https://3g.163.com/news/article/C46I1O9F00014Q4P.html? clickfrom = baidu_adapt&from = history-back-list&from = history-back-list. 2016-10-25.

步于奖惩阶段,只考核无反馈,或是反馈的信息往往只说明了问题"是什么",却没有帮助相关人员分析"为什么"和指导其改进该"怎么做",这就导致绩效考评难以形成支撑政府推进生态文明建设不断优化、不断完善的长效效应。

最后,现行政府绩效考评尚未满足生态文明建设的更高要求。

一是,我国当前地区发展不平衡、地方资源禀赋不同,尚不能采用整齐划一的考核标准,必须进行功能区划分,因地制宜,实行差异化考核。就发展总体来看,我国东部沿海地区经济发展优于内陆地区、特别是西部地区;以广州、深圳为代表的南方城市发展优于东北三省;同时,以流域为划分,流域下游城市发展要优于流域上游城市发展,如长三角地区经济发展、珠三角地区经济发展,流域内的省会城市发展优于其他城市。就地方资源总体来看,以秦岭—淮河为南北分界线,我国北方以林地、草地为主,南方以山地、丘陵为主,东部沿海地区以海洋生态为主,西部地区则以沙漠为主;同时,长江、黄河、珠江、松花江等大大小小的江河湖泊遍布我国各地,不同城市因其地理位置的不同所获得资源禀赋也不一样。由此,以整齐划一的考核标准实行生态政绩考核既不现实也难有操作性,必须根据生态资源禀赋、生态资源效能的不同进行生态绩效指标的差异化设置,同时,需根据地方经济发展的内生基础进行相关生态指标的科学量化。

二是,生态治理的周期性与官员任期不匹配。如前文所述,生态建设需要在较长时间才能取得可视化效果,需要一个较长的累进过程,这就要求地方政府官员任职的相对稳定性。我国政府领导干部实行任期制,一般任期五年,但就目前现状而言,我国地方政府领导干部通常在同一地方、同一岗位的任职时间尚不能达到一个完整的任期。除此之外,五年也尚不能成为某些地区生态文明建设的科学完整周期,地方政府领导干部要想在生态政绩方面有所作为,往往需要更长的时间。因此,官员任期的短暂与生态建设的长时间才能见效是当前进行地方政府生态政绩考评必须要解决的问题之一。

三是,生态环境的整体性和区域关联性,要求区域、部门之间的联动考评。生态环境的治理往往是一个系统治理,具有整体性与区域关联性,这就决定了各地区的生态状况会相互影响,相互制约,乃至更大区域内的整体治理与协作,生态政绩的取得互相制约。特别明显的表现在河流区域,如黄河流域生态治理、长江流域生态治理。但如前文所述,各地现发展阶段不一,经济较为发达的地区对生态环境的诉求更强烈,则更愿意投入更多成本,提高生态治理水平,而经济相对落后的地区则会倾向投入更多的生态环境与自然资源成本以解决自身发展的问题。因此,只有通过区域协同治理、高质量发展,才能在生态政绩领域获得"双赢",如若不能,也不可因此而全面否定其中一方在追求生态政绩的实践里所付出的努力。

三、构建科学绩效考核机制的优化路径

（一）转变地方政府政绩观，建立科学的生态绩效评价指标体系

科学设立有利于协调经济发展与生态保护的绩效评价考核指标体系，是地方政府有效、客观判断其生态治理工作是否落实、并制定和实施相关奖惩措施的前提和依据。近年来，随着我国生态文明建设的大力推进，在生态文明顶层制度设计的总体规制下，我国地方政府在绩效考评指标体系的设置上，逐渐实现了从"唯 GDP 论英雄"到"绿色 GDP 论英雄"的转变，已产生几种值得借鉴的生态文明绩效考核指标体系典型，如从总体的层面上看，已有 2013 年环保部制定的《国家生态文明建设试点示范区指标（试行）》、北京林业大学生态文明研究中心建立的中国生态文明建设评价指标体系（简称 ECCI）、2016 年由国家发改委、环保部和统计局等部门联合制定的《绿色发展指标体系》和《生态文明建设考核目标体系》等可供地方政府借鉴参考。此外，地方因地制宜的实践也产生了几种典型模式，如在"贵阳模式"中，形成了包含 6 个一级指标和 33 项二级指标构成的《贵阳市建设生态文明城市指标体系》，浙江省自 2003 年实施生态省建设战略以来，探索出了涵盖 4 大领域、由 37 项评价指标构成的《浙江生态文明建设评价指标体系》。

不过，面对当下我国部分地方政府在指标设置上仍存在指标设置量化模糊、操作性低，指标设置差异化程度低，难以突出地方特色、精准衡量地方生态治理实绩等问题。为进一步优化我国生态绩效的指标设置，应充分考虑到我国幅员辽阔、区域发展不平衡、差异化的生态资源分布、区域环境承载力差异等特点，着眼宏观、把握整体、因地制宜、突出特色。具体说来，当下我国地方政府生态绩效指标体系设置，应总体上遵循以下原则：一是整体性和关联性原则。生态文明制度建设并不仅仅是生态保护的单向发力，而是关联了经济、政治、社会、文化等各方面的系统工程，因此，地方政绩考评指标设置应立足发展全局，完善经济指标、生态指标、社会指标等各指标设置权重的系统性、协调性和关联性，多因素、多维度地对地方生态治理实绩进行综合考察。二是代表性和独特性原则。基于我国区域不平衡发展、各地区自然资源禀赋分布不均的特殊国情，应根据不同区域的实际情况和功能定位，精准定位地方发展问题、突出地方发展特色，建立起分类分级的评价指标体系，从"绿色 GDP 论英雄"进一步向差异化的"绿色 GDP 论英雄"转变。三是可量化和可操作原则。一方面当突破环境监测计量的技术障碍，

使某些定性生态治理绩效进一步数据化、可视化;另一方面,在评价指标选取上应尽量选择一些量化度高、方便操作和评价的指标,争取将生态文明制度建设的要求指标化、具体化、任务化,使目标定位和实际操作更客观、精准、到位。四是动态化和可调整原则。生态治理是一个动态化过程,受生态环境多变性、突变性的影响,政府绩效评估指标体系如果始终保持一成不变,就难以准确反映地方生态治理成效的动态性变化,因此,在兼顾短期目标和可持续发展目标的基础上,政府绩效评估指标应利用环境监测和诊疗手段,依据目标与环境的变化,进行适时调整、完善细节,使评估指标真正能够全面、客观、准确地反映政府绩效的实际状况和发展趋势。

(二)强化绩效考核的社会参与,形成地方政府绩效考核的多元主体

建立科学的政府绩效考评机制,关键之一在于确定多元化的考评主体。目前我国地方政府绩效考评主体较为单一,仍主要采取行政体制内部的上级评估和地方自评的方式,这种政府既充当"运动员"又兼任"裁判者"的考评模式,在实践过程中难免导致某些政府部门"只为上不唯实"、粉饰绩效、造假绩效,而使绩效评估流于形式。因此,有必要强化政府绩效评估的社会参与,通过形成多元化的评估主体,广集民智、民意,落实社会监督,以提升政府绩效评估的公信力、权威性和社会认可度。

首先,引入政府绩效的第三方评估机制。第三方评估作为独立于政府部门之外的评估机构,因其独立性和专业性的优势,是推进政府绩效评估科学化的一种必要而有效的外部制衡机制。一方面,第三方评估机构由于其本身的不受政府权力约束的中立立场,能够有效弥补政府自我评估时因权力寻租、利益纠葛、地方保护和部门保护而导致的弊端,从而促使政绩考评更加客观公正;另一方面,第三方评估可发挥其专业优势和经验优势,通过先进的测评技术、设备装置,更有利于保证政府绩效各项评估指标结果的科学性和公信力。当前,第三方政绩评估已经引入我国地方政府的实践中,如最早引入第三方评估的"甘肃模式"、云南昆明市的委托代理模式等,但由于目前我国科研机构市场化程度低、第三方考评主体发展不成熟等问题,第三方政绩考评尚未广泛运用于地方政府的政绩考评中。因此,要大力鼓励第三方专业评估机构的建设发展,通过完善制度保障、提供资源、资金支持、培养专业评估人才、健全政府绩效信息公开制度等方式,助力第三方科研机构市场的成熟与发展。

其次,引入政府绩效评估的群众参与机制。"为人民服务"是我国政府部门提供公共服务的根本宗旨,人民群众作为政府部门生态治理成效的利益获得者、

风险承担者和切身感受者,理应对政府绩效享有充分的知情权、发言权和监督权。因此,政绩考核不能只停留于政府内部刚性的客观评价指标,而是最终要落实到"人民满意不满意""人民高兴不高兴""人民答应不答应""人民幸福不幸福",以人民群众的认可度和满意度作为根本标准。浙江省安吉县作为环境保护部命名的全国第一个生态县,人均 GDP 虽不比全国百强县高,其人民的幸福指数却特别高,其中一个重要原因就是,安吉县的政绩评价体系尤其注重了解民情民意,不仅为人民群众开辟各类对政府政绩评议评价的渠道,还按照"一事一档、一人一事、一事一办、一事一查"的办法,将解决民生问题的成效放在干部队伍政绩考评的重要位置,切实为人民群众谋福利、创造真正为人民满意的民生政绩。借鉴安吉县的实践经验,当下强化政府绩效评估的公众参与,一方面,政府部门要树立"保护生态环境同样也是为了民生"的理念,切实将人民群众反映的环境污染、生态居住等问题的解决成效纳入政绩考评的突出位置;另一方面,通过搭建规范平台、畅通评议渠道、完善制度保障、落实民众满意度、认可度调查等方式,使民众真正能参与到地方政府的政绩考评中来。

(三)结合生态文明建设的更高要求,优化绩效考核的运行机制

首先,生态文明绩效考核要因地、因时、因事制宜,实行差异化考核。从目前生态绩效考核的实践中看,因各地区发展不均衡、资源禀赋不同等客观事实,如若采取"一刀切"式的考评方式,不仅缺乏合理性和科学性,还将阻碍各地区结合自身特点推进生态文明建设的实际进程。因此,地方生态文明绩效考核在坚持科学发展观的正确导向下,要综合考虑其地理位置、自然条件、生态承载力、区位优势、产业结构、经济社会发展基础等具体情况的不同,并结合其发展规划和发展目标,合理划分考核对象、科学设计指标权重分配,实行差异化考核。目前,生态文明绩效的差异化考核已在广东省、海南省、湖南省长沙县等地实践中,取得了丰富的经验,如在"长沙县模式"中,该县遵循"分类考核"的方针,综合考虑其地理位置、区位特点、优势条件和发展需求的差异,将本县各乡镇、街道划分为"城市服务型"、"农业生态型"和"工业和综合发展型"这三个核心功能区,设置各有侧重点的指标体系。同时还根据各乡镇、街道的特色和具体工作规划,单设有针对性的个性化考核指标。这一做法在充分保障考核结果精准反映当地政府工作实绩的同时,也起到了引导其工作朝着因地制宜、各具特色的方向发展。

其次,遵循生态治理的周期规律,探索合理的考评周期设置。生态文明建设的效果呈现往往需要一个长期的、从量变到质变的转化过程,并且官员在任期间因失责所埋下的生态隐患,也很有可能在其离任之后才爆发出来。对此,有必要

探索合理的生态文明绩效考评周期、创新生态文明绩效考评的方式,以协调当下政府官员任期与生态绩效考核周期长不匹配之间的矛盾。在这一方面,浙江安吉县采取的"实时考评"方式尤其值得借鉴。为强化生态绩效考评的威慑力,有效督促政府生态文明建设的目标完成,安吉县打破以往考核工作中"年初定标准,年末抓考核"的模式,将生态文明考核工作渗透到全年目标任务落实全过程,通过年初定标准、定办法,全年实时考核,每月督促检查,每季度公布核查结果的方式,使生态文明绩效考核极具实时性和威慑性,对敦促政府推进生文明建设工作的开展和落实极有成效。此外,在探索合理考评周期的基础上,还要进一步落实客观、公正的生态绩效离任审计制度。《中共中央关于全面深化改革若干重大问题的决定》中提出的"对领导干部实行自然资源资产离任审计",既是针对生态文明建设而采取的保障机制,也是对生态绩效结果的创新性应用,有助于强化地方官员任职期间对生态文明建设的职责履行,即能够通过未来追责的方式,防止地方官员在任期间为 GDP 政绩肆无忌惮地透支生态资源、损害生态环境,对其行为产生可溯及的约束力。

最后,把准生态建设整体性、复杂性的特点,建立联动考评机制。

一是,针对生态环境区域关联性的特点,如大气污染治理、跨区域流域治理等,建立生态文明绩效的区域联动考核机制。对此,一方面,要明确划分各区域的生态治理的指责范围,有效避免在联动治理过程中出现责任相互推诿、政绩相互争夺的情况;另一方面,基于各区域不同的政策执行能力、不同的治理诉求以及不同的发展水平,需要建立高一级的相关部门对区域联动考核进行有力的指挥与协调。

二是,基于生态文明建设的整体性和系统性,建立部门联动考评机制。在地方治理过程中,生态往往是与经济、社会、文化等多方面相联系的。如果仅仅依靠生态环境部门进行生态治理,政府则极易陷入单个部门孤军奋战、事倍功半的局面。对此,政府应协调各分配部门在生态建设中的任务,增强全体干部的生态责任意识,促进政府生态绩效实现最大化。如北京市延庆区就坚持"多头合一"的方针,建立起由区委组织部牵头、综合部门协调、纪检、宣传、园林绿化、环保、水务、审计等相关职能部门共同参与的生态绩效考核机制。而安吉县则探索了一种"关联考核"模式,即将被考核部门的政绩与上级部门挂钩,推行上下联动、关联问责的考评形式。

(四)健全生态绩效考评结果的运用机制,促进生态文明绩效的良性循环

绩效评估结果的有效运用,是地方政府绩效考核的目的所在、动力之源。完

善政府绩效考评结果的运用机制,既是维系考核系统有序运转的重要举措,亦是确保地方政府将生态文明制度建设成果转化为治理效能,将生态治理落实到实处的关键一环。针对我国当前绩效考核结果仍存在考核结果信息失真、为评估而为评估、缺乏结果信息反馈等问题,有必要从以下三方面优化地方政府绩效考评结果的运用机制。

首先,健全政绩考评结果信息的研判机制。在政绩考评过程中,考评主体依据考评对象的政绩,按照一定的评判标准对其进行综合考评。但是,作为具有主观意识的个体,考评主体存在以个人价值情感影响考评结果的可能性。因此,对政绩考评结果信息进行研判,能够更加确保考评结果信息的真实性,夯实生态绩效考评结果运用机制的信息基础。一是坚持整体性研判原则。生态文明绩效考核的结果呈现,是针对多要素、多维度、多层次进行全面、综合分析所得出结果。因此,对绩效考评结果信息的研判要遵循整体观,不能断章取义地以某一方面的考核成绩判定考核对象的政绩。二是坚持真实性研判原则。这强调对考核结果的核实,通过落实信息质量责任制、改进信息传递保密制度、建立信息甄别制度等方式,对绩效考评结果信息进行识别,以确保结果信息的真实有效。如财政部甘肃监管局,在实施中央基建投资生态文明建设专项资金绩效评价中,采取评价工作"底稿化"的方式,针对每一项评价工作皆制定工作底稿,严格做到"打分有依据、扣分有理由",并随时有底稿可核查,力求评价结果信息的真实准确①。三是坚持公开性研判原则。换言之,政府可以利用互联网平台,全面整合、归纳各部门、各层级政绩考核所需的相关信息,并及时发布政绩考核结果,以便公众检验、评估绩效考核结果,监督绩效考核的真实性。

其次,完善生态绩效考评结果的激励与约束机制,将绩效考评结果与干部奖惩挂钩,做到赏罚分明。一方面,完善结果运用的激励机制。通过将个人激励与组织激励相结合、物质激励与精神激励相结合的方式,既促使官员将个人目标、利益与组织目标、利益更好地结合起来,提高政府组织内部的聚合力,同时也有针对性地满足不同个体、不同层次多元化的需求,切实提高官员参与生态文明建设的主动性。此外,正如学者的研究表明,关乎官员仕途前景的晋升激励往往是官员最看重的激励②,因此,还可进一步搭建生态绩效结果与干部选拔任用的制度性联系,使其作为任用干部时必须参考的一项硬性指标,引导官员将生态文明

---

① 财政部甘肃监管局.坚持绩效导向突出以评促改做实做细生态文明建设资金绩效评价[EB/OL].https://mp.weixin.qq.com/s/Fke7gqplFRe00si-ZvTJoA.2019-12-16.

② 卓越,张红春.绩效激励对评估对象绩效信息使用的影响[J].公共行政评论,2016(2).

建设视为其晋升道路上的政治筹码，进而更加积极主动地履行其生态文明建设职责。另一方面，强化结果运用的约束机制。通过制定权责统一、划分明确，且具体落实到个人、团队和组织的评估责任清单，使考评责任追究有账可查。同时，强化考评结果运用的惩戒功能，如在"贵阳模式"中实行了对主管部门第一责任人更加严格的"一票否决制"和"离任报告制度"，这对于促进当地官员牢固树立科学的生态政绩观具有很强的威慑力和约束力。不过，对于失责主体的惩戒还应把握适度的原则，既不能使惩戒形同虚设，也不可过于严苛。

最后，健全绩效考评结果的意见反馈机制。生态绩效考评结果之所以能够成为生态文明制度建设的动力，就在于其能够以科学、有效反馈到相关主体的方式，总结经验、扬长避短，进一步改善工作方法，提高工作质量，促进生态文明建设良性循环。一是建立激发性意见反馈机制，即上级考评者基于对考评客体的全面客观评价，认肯其工作实绩、践行奖励承诺，并通过为其设置更高的绩效目标，来激发考评客体的工作潜能和热情，引导考评客体不断改进工作方法、优化工作质量；二是建立互动性意见反馈机制，在绩效结果的反馈过程中，难免会出现考评客体对评价报告和奖惩结果存在质疑或抵触情绪的情况，针对这种情况，有必要开拓相关的申诉渠道，针对申诉者反馈的事由，启动相应的调查复议程序，以此既能使考评客体感受到公平公正，又能促进评价双方的良性互动，保障考评过程的顺利进行；三是建立督促性意见反馈机制，即评价者在对考评客体做出负向评价时，除了说明存在问题，更应帮助其具体分析原因，提出整改意见。

第七节　严明的责任追究机制

党的十八届三中全会以来，我国的生态文明体制改革"严字当头"，处处体现一个"严"字。正如习近平在十八届四中全会上所说，"只有实行最严格的制度、最严密的法治，才能为生态文明建设提供可靠保障"[①]。在这其中，构建严明的责任追究机制能够发挥倒逼机制的惩戒和预防作用，通过严责任落实、严督察整改、严问责执行，实现我国生态治理和生态保护的"源头严防、过程严管、后果严惩"，从而强化生态文明制度的刚性约束，落实制度执行，充分发挥制度效能。

---

① 完善生态文明制度体系，用最严格的制度、最严密的法治保护生态环境[EB/OL]. http://theory.people.com.cn/GB/n1/2018/0305/c417224-29847672.html. 2018-03-05.

一、建设生态责任追究机制的重要性

"生态责任追究"是指,对生态破坏、环境污染、资源浪费等行为的责任认定和处罚。生态责任追究机制作为生态治理和保护实践的严格考量,对于强化我国生态文明制度的刚性约束、落实生态文明制度建设要求,进而推动我国经济发展方式的绿色转型、全面提升我国生态治理水平和能力的现代化具有重要意义。

自改革开放以来,我国的经济发展步入了全面加速的轨道,不过,长期以来传统的粗放式经济发展模式,在帮助我国取得显著发展成就的同时,也相应使我国付出了诸如环境污染问题突出、生态退化严重等生态环境牺牲的代价。当下,为解决我国经济发展与环境保护协调失衡、生态文明建设短板明显、生态环境质量与人民群众对美好生态环境要求极不匹配的突显问题,自党的十八大以来,习近平在其治国理政的新理念、新思想、新战略中,反复强调,要以绿色发展理念引领绿色发展新模式,通过积极推进绿色发展来更好地实现人与自然和谐共生。要贯彻落实习近平提出的绿色发展思路,就需要构筑起严密的制度,特别是确立起"源头严防、过程严管、后果严惩"的制度体系,来为绿色发展的全过程保驾护航。因此,建立针对生态治理与保护全过程的生态责任追究机制势在必行。尽管生态追责更倾向于是一种对于后果回溯的惩罚机制,但由于其严格性、制度化、程序性的特点,事实上,不仅在生态治理事前,能够对责任者形成警示和约束作用,有效预防各地政府违背科学发展理念,牺牲环境片面追求经济的决策思路。同时,也能够在生态治理事中,通过常态化督察监测,实时化整改反馈,敦促地方党政官员切实履行其生态保护职责。这种全程式严防死守的生态问责机制,能够为绿色发展确立起严密的制度保护体系,确保其发展全过程始终不偏离轨道。

此外,推动我国发展方式绿色转型的关键,还在于全面提升我国生态治理能力和水平的现代化,而生态治理能力与水平现代化的一个重要方面便是实现制度化。生态责任追究机制作为我国生态文明制度建设的重要组成部分,其所发挥出的动真较硬、真管敢抓的"利剑"作用,能够更好地确保我国生态文明制度要求的落细落实,以制度的刚性约束,压实生态治理的主体责任、规范生态治理的实践过程,从而有效提升我国生态治理的现代化水平。具体说来,提升生态治理水平与能力的现代化,便是要加强党对生态文明建设的领导能力,同时积极引导地方政府领导机关和工作部门贯彻绿色发展理念、践行绿色发展思路。针对当前我国生态治理问题而建立起来的生态责任追究机制,不仅在追责对象认定上,将"党政同责、一岗双责"扩展到生态治理领域,通过聚焦一把手,狠抓"关键少数"突出了地方党委在生态治理中的领导作用,强调了地方党委与政府在生态治理的协同作用,有利于地方政府在生态治理中加强联动、统筹协调、密切配合,形成生态治理合力。同时,通过落实生态环境损害终身追责制和生态保护的离任审计,使生态追责形成具有溯及力和延伸性的常态机制,让广大官员无论是否在其位都面临为生态环境责任买单的巨大渎职成本,从而能够有效保障地方党政官员切实履行其生态治理职责,完善其生态治理的方式方法,促使我国生态治理能力与水平不断现代化。

二、当前生态环境损害追责机制的运行障碍

党的十八以来,随着我国生态环境损害追责制度的顶层设计不断完善、地方试点实践不断深化,我国的生态环境治理取得了显著成效。不过,由于我国生态环境损害追责机制建设起步较晚,缺乏丰富的实践经验,在具体运行过程中,也暴露出一定的问题。

首先,生态追责对象单一化。全面认定生态追责对象,是生态追责机制全面覆盖,压实主体责任,使失责主体无处遁形的必要前提。如果不能全方位地认定追责对象,明确对象责任,生态追责成效必然会因责任推诿、相互扯皮等现象而大打折扣。当前,在我国生态追责的实践中,追责对象单一化是一个较为突出的问题,主要表现在:首先,长期以来,我国主要实行的是"重企轻政"的环境督察方式,然而,企业出现的环境破坏问题,既有企业自身的原因,其背后政府部门领导失当、监管放水、见乱不治的治理失责也往往如影随形。2019 年,中央环保督察组在对海南澄迈县肆意围海造田、破坏红树林的督察问责中,列举了当地政府及其环境执法部门,生态站位不高、违规调整保护区规划为旅游地产让路、督察整改走过场等一系列失责问题。由此可见,在对企业进行环境问责的同时,还需加强对政府部门环境失责行为的问责。其次,在对地方政府的生态问责中,往往只关注行政部门的生态责任,而相对忽视地方党委的领导责任。事实上,地方党委所制定的原则和方针对地方政府的行政工作起着实际的领导和指导作用,其决策部署失当往往会导致重大环境损害事件的发生。例如,2017 年 7 月,中共中央办公厅就甘肃祁连山自然保护区生态环境问题追责了甘肃省委、省政府的 3 名省部级领导,以及多名党员领导干部。究其问责原因,就是这些党政领导干部在落实党中央关于生态文明建设的决策部署不坚决、不彻底,搞变通、打折扣。因此,必须改变长期以来,我国生态追责中"只拍苍蝇,不打老虎"的情形,将追责关口前移,做到真追责、敢追责、严追责。最后,对环境监管机构追责的缺失,也是长期以来我国环境执法中的一个顽疾,这导致环境监管部门或囿于私利、以权

谋私,或慑于阻力、松软监管,养成了一种遇到问题绕着走、看到难题躲着走的"鸵鸟心态",大大影响生态问责的效力提升。

其次,**问责过程全覆盖不足,重事后追责,事前预防、事中督察亟需强化。**在生态问责的过程中,严格的事后惩处只是问责的一种手段,以明晰的责任来起到有效的预防作用,才是生态问责的根本目的。自党的十八大以来,人与自然和谐共生是我党在生态文明建设中一以贯之的理念,这就要求,提升我国生态治理现代化水平决不能采取"先污染后治理"的传统方式,而必须遵循预防为主、防治结合的方针。因此,生态追责机制的建立也不应仅仅着眼于在生态问题出现后,对相关责任者渎职、违法行为的惩处上,还应做好事前明责预防、事中动态检查的任务,对生态治理过程进行全程管控,做好有效预防。不过,从我国生态问责机制目前的运行情况来看,在制度的制定和具体的实践操作中都普遍存在着重视事后问责,一罚了事,而相对缺乏对事前预防和事中督察的完善。从事前预防来看,形成明晰的责任清单和严厉的追责措施,能够发挥"雷池"作用,对责任人形成警示和约束。然而,目前我国所发布的《党政地方官员生态环境损害责任追究办法》虽将追责情形细致划分,但相对应的处置办法却仅是笼统的罗列"诫勉、责令公开道歉、党纪政纪处分、组织处理,包括调离岗位、引咎辞职、责令辞职、免职、降职等",这样的规定在实际操作中不免弹性大,很可能受"情面关系"和"领导意志"的影响而大而化小、小而化了,因此,相关的党政干部在生态治理过程中,也容易形成侥幸心理,或因官官相护而无视其生态保护责任。从事中督察整改来看,实行对生态治理过程的动态化监测和常态化监督,有利于及时发现问题、督察整改,防止重大生态环境损害事件的发生,是生态问责机制形成长效效应的重要保障。但目前我国的地方实践,仍侧重在生态环境损害事件发生后,才对相关责任人予以惩处,这实际上容易使生态追责陷入一种"破坏—惩戒—再破坏—再惩戒"的恶性循环,导致生态追责本末倒置,变成一种纯粹的惩罚机制。总之,在人民对优质生态环境日益增长的今日,生态治理不仅仅是要守住底线,更应满足人民群众更高的基本环境安全保障,因此,坚持事前明责预防、事中督察整改、事后严明追责,才能将生态追责落实到实处。

再次,追责执行存在力度不足或"滥问责"的乱象。生态责任追究机制的关键和要害便在于执行,执行到位则能在党政机关内形成约束和监督,而执行不到位或不明事由的过度问责,不仅极容易使条文成为空谈,极大地损伤生态追责机制的权威性和威慑力,还会致使追责变成一种单纯的惩罚手段,导致生态追责本该发挥的约束力变成地方官员在生态治理过程中的沉重包袱,有损其履行职责的积极性和主动性。然而,在具体实践中,地方对于问责尺度的把握还有待进一步科学化。

一是问责执行存在避重就轻、息事宁人的情况。在我国目前多数生态问责的案例中，其问责内容多见于工作失职，如"工作措施不力""履职不力""职责履行不到位""严重不负责任""应急不力"等，但是，这些评判规定共有的一个通病就是，其中的"度"没有明确的量化或具体化依据。比如，何种情况下能够确定为"不力"，而何种情况又可算作"尽力"，对于"力"的尺度由谁来权衡和把握。再如，"严重失职""严重不负责任"，这里的"严重"一词也没有一个明确的可量化标准。正是由于问责范围太抽象，没有一个具体、可量化的参照标准，这就导致在问责执行时，主观随意性大，易受"情面关系""领导意志""地方保护"等主观因素的影响，对失责渎职者采取避重就轻的惩戒，甚至以息事宁人的态度，包庇、隐瞒责任者的失责实情，问而不责，导致问责形同虚设。

二是存在过度问责的乱象。根据我国现行的生态问责相关法规条例，生态问责以"依规依据，实事求是"为归责原则，实行有限追责。但是，部分地方实践或是为平息民愤、或是为应付中央督察，往往采取以环境损害事件后果为归责依据，实行无限追责。如在 2010 年福建紫金矿业重大水污染事件中，上至上杭县县长、副县长、县环保局局长，下至环境监理站站长、副站长等只要是和环保工作相关的领导干部和工作人员都在此次环境损害事件中被问责。这种为追究而追究的"问责秀"，不仅没有达到问责效果，反而会因"错杀"的高压，导致地方官员对生态问责的敬畏心变成恐惧心，打击其生态治理的积极性和主动性。总之，必须完善科学的生态追责执行方式，使诸如"该问的没有问""不该问的却被问""官员不明何故被问""无端被问却无处申冤"这样的问责乱象得到有效解决。

三、完善生态环境损害追责机制的优化路径

（一）全面确认生态治理的追责对象

首先，坚持"督企"和"督政"的双向并举。在生态治理过程中，政府部门作为保护环境的重要力量，实际承担着对企业环保行为的指导和监管职能。从近年来中央环保督察组通报的多起生态环境损害追责案例来看，企业破坏环境的背后往往都有地方政府决策失当、放宽审批、监管缺位，甚至成为污染企业保护伞的失责渎职行为。因此，生态问责这把利剑在对准企业的同时，更应指向地方政府，特别是党政领导机关。近年来，为进一步将环保压力传导至地方政府主管部门，督促其履行环保职责，山东省枣庄、淄博、临沂等多地区开展"铁拳治污"，大力推行大气环境违法处罚"双罚"机制，即在处罚大气环境违法企业的同时，也

对该企业所在地区的党政机关处以等额处罚。通过这种方式,有力实现了"督企"与"督政"并重,迫使地方政府切实履行其环保责任。

其次,落实党政同责、一岗双责。 2015 年 8 月,由中共中央办公厅、国务院办公厅印发的《党政领导干部生态环境损害责任追究办法(试行)》,将生态环保领域的"党政同责、一岗双责"予以制度和法规层面上的确立,是我国完善生态环境损害追责制度的一大革新之举。在生态治理过程中,生态环境政策的制定与落实关键要靠党政领导干部,而严重损害事件的出现,往往也与党政领导干部的失责渎职有着莫大关联。因此,生态保护追责落实的关键,就是要把涉及"关键少数"的党政领导干部也纳入追责体系,在体现权责一致的同时,彰显生态保护追责机制的无私铁面,真正做到有权必有责、有责要担当、失责必追究。例如,2017 年,新疆维吾尔自治区纪委组成督察问责工作组,按照党政同责、一岗双责、权责一致的原则,就卡山自然保护区破坏问题,对阿勒泰地委原副书记、行署专员处以党内严重警告处分和组织处理,对阿勒泰地区行署常务副专员,富蕴县委副书记、县长,阿勒泰地区国土资源局党组书记、局长等党政领导干部则给予撤销党内职务、行政撤职处分,充分彰显出该地区对于党政领导干部在生态文明建设中庸政、懒政行为,敢抓敢管、真抓真管的问责力度。

最后,建立地方官员的生态问责"元问责"机制, 即一种专门为督促问责机关和问责官员履行其"监督责任"而设计的问责机制。环境督察缺位一直以来是我国生态治理失灵的重要原因,部分问责官员在环境监管中的不作为、不敢为,导致我国的环境污染治理成了一块久治不愈的"牛皮癣"。设立生态问责的"元问责"机制,就是要给监管问责人员也牢牢地套上"紧箍咒",敦促其自觉履行和落实生态治理的"监督责任"和"问责责任",保证其监督权不缺位、不越位,真正使生态问责机制成为高悬在地方党政干部头上的一把"达摩克里斯之剑"。

(二)构建生态追责的全程嵌入机制

构建生态追责的全程嵌入机制,做到事前明责预防、事中督察整改、事后问责惩戒,是生态追责机制常态化、长效化运行的有力保障。

首先,嵌入明确的责任落实机制,列明"责任清单"。 明晰的"责任清单"既是进行生态追责的重要依据,同时也能够对追责对象起到警示和约束作用,有效预防潜在的生态治理失责行为。因此,要针对生态治理问题,靶向出击、精准问责,将生态治理责任充分细化、层层压实,特别是要将"集体责任"落实到"个人责任",为生态追责找准"第一责任人",有效避免地方党政干部借"集体责任"推卸"个人责任"。同时,要将生态追责的"关口"前移,落实党政领导机关的"领导责任",狠抓"关键少数",实行严格的自然资源资产离任审计和生态环境损害终身追责制度,这样才能以严厉、精准的问责,对地方官员形成倒逼压力,鞭策各级党政干部对肩上所扛的生态保护责任,不敢懈怠也不能懈怠。

其次,嵌入有效的责任督察机制,对生态治理过程实施全程管控,及时发现问题,止损纠错。 自党的十八大以来,虽然党中央作出了建设生态文明,实现"美丽中国"的重大战略部署,但是,在地方实践中,仍有不少政府部门对其生态保护职责消极懈怠,甚至为短期的"GDP政绩"而牺牲生态环境,以致于造成重大生态环境损害。究其原因,就是缺少了常态化、动态化的责任督察机制。为克服这一顽疾,落实地方政府的生态治理职责,2016年1月,被称为"环保钦察"的中央环保督察组正式亮相,其目的就是要对地方生态治理过程的各个区域、各个流程、各个环节,进行全面性督察,对严重环境损害区域实行专项性督察,通过常态化监督、动态性监测、实时化反馈,第一时间发现问题、严明问责、促进整改,让地方生态治理过程拧紧责任螺丝、筑牢生态防线。截至2019年5月15日,第一轮中央环保督察及"回头看"已经取得显著成果,共受理群众举报环境损害事件21.2万余件、立案处罚4万多家企业、罚款金额总计24.6亿元,行政和刑事拘留相关失责人员共2264人,充分显示了中央环保督察的"利剑"作用①。此外,在中央环保巡视督查的基础上,还需进一步落实地方的环保督察。相比于中央环保督察,各地区的环保督察不仅能够更加及时察觉地方发展过程中的生态治理失责问题,结合中央环保督察意见,督促地方整改,同时,也能够结合地方发展特点,选取侧重点不同的督察方式和追责手段,因地制宜,避免环保督察采取"一刀切"的形式,而变成形成主义。

最后,在生态治理责任缺失后,嵌入严格的责任追究,以儆效尤。 动员千遍,不如问责一次,只有严肃问责督察、严格执行责任追究,特别是采取自然资源资产离任审计和生态环境损害终身追责制度,把追责的标准细化、量化、规范化,把追责对象落实到具体的人,无论责任者是否调离、退休等,这样才能真正起到问责一个、警醒一片的效果。例如,江苏省为强化环保领域的监督执纪问责力度,认真受理由中央环保督察移交、环保职能部门移交、群众信访举报、新闻媒体曝光等环境问题线索,既坚决查处污染问题严重、群众反映强烈、社会影响恶劣的环保案件,又重点纠正其党政领导干部在生态履责过程中推诿扯皮、敷衍塞责、办事拖沓等不作为、慢作为问题,铁面执纪、严肃问责,仅2017年就对全省党

---

① 第二批环保督察"回头看"工作完成:受理举报21.2万余件罚款24.6亿元[EB/OL]. http://hi.people.com.cn/n2/2019/0516/c231187-32943843.html. 2019-05-16.

政干部问责 137 人。

(三)建立科学的生态追责执行机制

生态追责这把"利剑"的效果如何发挥,关键在于如何科学的执行追责。毕竟,生态追责的目的并不在于惩罚本身,而是通过追责落实责任,以惩处方式使广大党政干部吸取经验教训,推动其培养绿色发展理念。如果生态追责仅仅强调以罚代管,或是不明事由的小题大做、吹毛求疵,生态追责不仅不能发挥出真正效力,还将演变成破坏地方党政干部生态治理积极性的"滥问责"。因此,必须建立科学的生态追责执行机制,以确保追责执行合法、合理、有效。

首先,生态追责的执行必须明确"依规依据、实事求是""权责一致、错责相当""集体决定、分清责任"的原则,并突出宽严相济的特点。例如,在追责形式上,应根据违法违规及核算审计所得出的责任轻重大小,采取诫勉、问责、调离、引咎辞职、免职、降职等多元化、具有层级特征的追责形式,确保追责执行符合事实、合乎情理;在督察整改过程中,也要按照问题的轻重缓急和难易程度,分类施策、统筹推进,而不是采取"一律关停""先停再说"的"一刀切"式的简单粗暴手段,禁止层层加码、避免层层提速。2019 年 7 月,为力戒形式主义、官僚主义,有序推进中央环保督察组于福建、上海、海南等地第二轮环保督察,我国生态环境部于 7 月 8 日专门致函被督察省市和集团公司,要求其坚决禁止搞"一刀切"和"滥问责",并简化有关督察接待和保障安排,以切实减轻基层负担。

其次,在"精准问责"的基础上,建立起地方官员的生态问责复出机制。对于因生态环保而被问责的官员,要一分为二地看待其过错,如:某些官员只是因间接领导责任而被问责,并且他们的行为与造成的环境损害并无直接的因果关系,若是将这类官员直接"打入冷宫",永不起用,不仅对他们来说缺乏正当性,对国家而言也是一种人力资源损失。因此,要规范相应的生态问责申诉程序,建立起生态问责的调查复议机制,在查清事实、依规适度量裁责任的基础上,使这类官员能够继续在岗位上发挥应有才干。此外,对于一些因疏忽大意、玩忽职守、消极无为而被问责的官员,在严厉问责的同时,也可给予其容错纠错的机会,毕竟国家在培养这些人才时花费了一定的代价,这些官员之所有能够为官一方,其素质、能力和品质等也曾受过一定的审核考验。因此,对于这类官员可谨慎依照法定程序复出。但是,对于利用职务涉嫌犯罪,并造成重大环境损害的官员,则应严格执法,依法剥夺其重新任职的资格。

总之,建立科学的生态问责执行机制,既要依规、依事实严明问责,也要让官员有一个"容错改错机制",从而避免"问而不责""以罚代责""一边问责一边复出"的乱象,使问责对象既对生态问责心存敬畏,又能够在有效问责、精准问责中充分发挥其生态治理的积极性和主动性。

第三章　生态文明制度建设的典型经验

——以浙江省为例

　　"生态兴则文明兴，生态衰则文明衰。"建设生态文明，是关系人民福祉、关乎民族未来的长远大计。党的十八大以来，以习近平同志为核心的党中央领导集体对生态文明建设高度重视，深刻回应了广大人民群众对良好生态环境的憧憬与渴望，也表明了人与自然和谐共生是我国今后社会主义现代化建设的重要价值取向。作为我国深化改革的前沿阵地，浙江省在探索工业化、城镇化的过程中，一度面临着人多地少、资源匮乏的省情与经济社会快速发展要求不相适应的矛盾冲突，如何破解资源环境对区域发展的束缚，避免重蹈生态破坏、环境污染的覆辙，是浙江省实现现代化、全面建成小康社会过程贯彻始终的一条主线。早在 2003 年，习近平同志主政浙江之时就曾强调，"不重视生态的政府是不清醒的政府；不重视生态的干部是不称职的干部；不重视生态的企业是没有希望的企业；不重视生态的公民不能算是具备现代意识的公民"[①]。十多年来，数届省委省政府领导以功成不必在我的胸怀与全省人民一起秉持浙江精神，干在实处、走在前列、勇立潮头，共同思考和探索了经济发展与生态保护良性运行之路，从全局利益和长远发展出发，把加强环境保护和生态建设放在突出的位置，全力谱写了生态文明建设的浙江篇章。

---

　　① 习近平.干在实处 走在前列——推进浙江新发展的思考与实践[M].北京：中共中央党校出版社，2016：198.

第一节　浙江省生态文明建设的创新方案

一、以水环境治理为核心的生态环境探索

浙江省是我国著名的水乡,省域河网密布,水系众多,然而从可利用水资源视角来看,浙江省面临着"人多水少、水资源时空分布不均、区域性水资源短缺"等水源性缺水困境,与此同时,伴随着经济不断发展,产业集聚、污染排放所导致水质恶化问题日趋显著,一度成为制约浙江经济发展的掣肘。在意识到水环境问题为社会治理带来的严峻挑战后,浙江省政府开启治水攻坚战,对传统发展方式、生产方式、生活方式进行了根本变革。

(一)治理过程与成效

长期以来,为遏制水环境继续恶化,解决威胁人民群众健康安全的水污染问题,浙江省委省政府不断探索环境友好协调发展道路。早在 20 世纪 90 年代初期,浙江省已迈出了治水实践的坚定步伐。进入新世纪后,浙江将水环境治理作为一项重大战略决策,在全省范围开展大规模、长期限、强力度的治水行动。自2003 年,浙江成为全国生态省建设的"试验地"后,其工作重点以实施"八八战略"为基础,以"发挥生态优势,打造绿色浙江"为内容,先后颁布有关生态省建设的"决定"与"规划纲要",由此开启了生态省建设的新征程。

2004 年以后,浙江省聚焦全省八大水系及运河整治,以彼此接续的三年为阶段计划,先后连续开展了"811 环境污染整治行动""811 环境保护新三年行动""811 美丽浙江建设行动"等系列环境保护专项整治实践,并根据不同阶段提出相应的任务目标、工作规划和实践重心,前后连贯、层层推进的环境综合治理的攻坚新格局。首轮"811"治污行动,聚焦八大水系及省内 11 个环保重点监管区,对污染较为严重的重点流域、重点区域、重点行业、重点企业实施全覆盖,进行了大刀阔斧的污染治理行动。主要包括建立跨行政区域河流交接断面水质管理制度、组织实施钱塘江、太湖流域水污染防治规划和金华江流域"碧水行动"计划、编制实施瓯江、甬江、飞云江、鳌江、曹娥江(包括鉴湖水系)、椒江(包括温河网)水污染防治规划、制定城乡一体化给排水计划建立合格(规范)的饮用水源保护区等。2007 年底,首轮"811"行动全面完成后,全省 11 个省级环保重点监管区和 5 个准重点监管区实现全员达标,八大水系水环境质量取得突破性提升;环境

治理基础设施逐步完善,在全省范围内实现了县以上城市全面建成污水处理厂,建设 65 个行政交接断面地表水水质自动监测站和 99 个空气质量自动监测站并投入运行;实现省、市、县三级环保部门联网,环境质量和重点污染源在线监测监控系统基本形成。

2008 年,浙江省政府再接再厉,继续开展为期 3 年的"811 环境保护新三年行动",并提出了 8 个方面的工作目标、工作任务及 11 项保障措施,并对水环境治理提出了更高标准。2011 年,第三轮"811 生态文明建设推进行动"全面实施,沿袭前两轮"811"行动的结构设置,强调 8 个工作目标和 11 项专项行动,将规划期延长为 5 年,工作重点从全面推进环境保护转到立体推进生态文明建设,指导思想从"对环境负责"转到"更关注民生"。治水工作围绕着清洁水源展开,主要任务是继续实施八大水系和杭嘉湖、宁绍、温黄、温瑞四大平原河网水污染防治规划,深入开展印染、造纸、化工、医药、制革、电镀、食品酿造等重点行业污染整治。

经过持续三轮的"811 行动",浙江省水环境质量明显改善,地表水Ⅲ类以上水质断面比例从 40% 提高到 63.8%,全省各地突出环境问题基本得到解决,环境在线监测系统、重点污染源在线监控系统、省至县三级环境管理信息化系统"三位一体"的环境管理信息体系初步建成①。这一阶段水环境恶化趋势有所遏制,但在八大水系中,钱塘江、曹娥江、甬江、椒江、鳌江等水系仍存在明显污染河段,部分水质指标偶有震荡反复,环境污染事件时有发生,经济快速增长与环境容量有限、资源利用率低下之间的矛盾依然存在,环境治理与污染排放进行着此消彼长的力量博弈,民众对良好环境的诉求仍未真正实现。

2013 年 11 月,浙江省委十三届四次全会提出以治污水、防洪水、排涝水、保供水、抓节水为主要内容的"五水共治"行动,并提出具体时间计划表:三年(2014—2016 年)明显见效,解决突出问题;五年(2014—2018 年)全面改观,基本解决问题;七年(2014—2020 年)实现质变,基本不出问题。2016 年作为五水共治三年行动的收官之年,五水共治进展迅速,并取得初步成效,全省垃圾河、黑臭河整治基本完成,地表水省控断面Ⅲ类以上水质占比稳步提升,多年徘徊的水质状况呈现明显改善;钱塘江、苕溪、瓯江、飞云江和曹娥江等重点水系的Ⅰ类至Ⅲ类断面比例均达到 100%,劣Ⅴ类水质断面进一步缩减到 2.7%。在此基础上,作为"十三五规划"的开局之年,浙江省继续强化治水工作推进力度,正式开启第

---

① 浙江生态省建设守住"绿水青山"Ⅲ类以上水十年增加 22%〔EB/OL〕. http://zjnews.zjol.com.cn/system/2014/06/05/020065893.shtml. 2014-6-5.

四轮"811"美丽浙江建设行动,围绕 8 类主要目标设计了 11 项专项行动,"着力推进以治水为重点的环境综合治理",并将治水、治气、治土单列,设置了"五水共治"、大气污染防治、土壤污染防治三个专项行动。此次水质目标再创新高:全面消除地表水劣Ⅴ类和设区市建成区黑臭水体,地表水断面达到或优于Ⅲ类水质的比例占比 80% 以上,县以上城市集中式饮用水水源地水质达标率达到92.6%。随后,多次召开全省剿灭劣Ⅴ类水工作会议和誓师动员大会,强调在完成"清三河"任务基础上,进一步深入推进"五水共治"工作。

在长期不懈努力之下,浙江的治水工作成效愈发凸显,2017 年 12 月,环保部根据水环境质量目标完成情况与水污染防治重点工作完成情况两项指标,将浙江省水治理等级评定为优秀,并给予了 1.6 亿元的中央水污染防治专项资金。

2018 年,浙江持续深化河(湖)长制,出台了《浙江省河(湖)长设置规则(试行)》,对河(湖)长设置总体原则、与具体要求进行进一步阐释,在河长制的基本框架下,将湖泊水库纳入湖长制实施范围,确立各级湖长由政府负责同志担任、水库湖长原则上由水库安全管理政府责任人担任。同时,启动美丽河湖建设行动,通过构建河湖管护新机制,充分发挥各级河长的"管、治、保"职责,打造浙江河(湖)长制升级版,形成了全社会爱河、护河、管河的良好氛围。

2019 年 5 月,《浙江省水域保护办法》正式实施,这是全国首个出台的省级层面水域保护办法,明确了各级政府在水域保护管理中所应承担的主体责任,建立多部门联合的监管体系,强化水域保护规划与区域发展规划相衔接,为进一步加强水域保护发挥水域功能提供更有力的法治保障。截至 2019 年底,全省 103个国考断面中Ⅲ类水以上断面占 96.1%,221 个省控断面中Ⅰ~Ⅲ类水质断面占 91.4%,治水公众满意度达到 88.5% 的新高,水环境质量持续改善,人民群众的获得感、幸福感不断提升①。

(二)浙江嘉兴:治水攻坚的后起之秀

嘉兴市域水系属长江水系太湖流域,绝大多数水为入境水,分别从江苏、湖州和杭州三地引入,总体水质不佳。从 20 世纪末起,嘉兴就开启治水实践,然而治理效果并不理想,水质渐趋退化,一度成为嘉兴人民的心头之患、切肤之痛。直至 2011 年,嘉兴仍是浙江全省 11 个设区市中区域交接断面水质考核唯一不合格的城市。面对巨大治理压力与民生诉求,嘉兴市委、市政府直面问题,折箭

---

① 朱智翔、晏利扬.水清岸绿河湖美——浙江持续推进污水零直排区和美丽河湖建设,再出治水新成效[N].中国环境报,2020-4-27(5).

为誓,全力打响治水攻坚战、持久战。2012年9月,召开千人治水大会,向全市人民立下"军令状",强调以壮士断腕的决心摘掉水质不达标的"帽子"。随后,嘉兴在全省率先设立治水办,逐渐形成全市上下联动、部门配合、群众参与的治水新格局,全面推进水环境综合治理。

1.整治思路:双产结合、标本兼治

嘉兴市委、市政府在全面了解分析水环境污染源后,依据产业发展现状,通过行政执法等刚性举措对农业、工业污染进行全面治理。在农业污染方面,以养殖业为重点领域,实施"减量、提质、增收"为核心的管理策略,对农业污染进行严格管控,打响了治水攻坚第一枪;在工业污染方面,对近9000家工业企业实施污水全入网行动,开展印染、造纸、制革、化工等重污染行业整治提升工程,依法严控入河污染。与此同时,通过政策引导规范产业发展,引领绿色经济转型,依法划定重点区域生态红线,制定各类功能区环境目标、管控措施和负面清单,落实空间、总量、项目三位一体环境准入制度,提高项目准入门槛,从源头严控高污染。

2.执行保障:网络监督、信息共享

嘉兴市在治水过程中不断探索,利用信息技术等发展优势,创建了"互联网＋"水环境治理的新模式。一是创建嘉兴治水网,通过微信公众号、微博等网络平台接受群众意见建议、举报与监督,宣传治水、护水、节水等百科知识、公布水质监测结果,推动广大群众参与监督,并及时发现问题,解决问题。二是依托智慧管理系统,破解长效管理与部门协同治水两大难题。2016年,海宁市将现代地理信息、云计算、大数据等技术相结合,研发"五水共治"智慧管理平台,该平台设有"清三河"防范智慧监控、城市排涝智慧管控等6大子系统,整合汇总各部门信息,形成信息大覆盖、数据全掌握、监管无盲区的"五水共治"信息化管理新模式,实现了部门共享信息、共商决策、互联互通,共享共治的全新管理模式。

3.动力机制:全民参与、全市动员

嘉兴在全省范围内率先构建起了"一人牵头抓总"的河长制治水体系,破解了过去"九龙治水"的困局。截至2016年,嘉兴市共有市级河长18位,县级河长215位,镇级河长1608位,村级河长4136位,形成了自上而下,自下而上互推互促的治水格局,全市所有的河道实现监管和治理全覆盖①。此外,部分乡村创新工作机制,通过设立村第一书记、明确治水规划目标、修订村规民约、进行常规水

---

① 浙江嘉兴河长制走向全国全民参与成治水典范［EB/OL］.http://www.h2o-china.com/news/view? id＝251244.2016-12-23.

质公示与监督、配备保洁队伍等举措，广泛动员社会力量，形成了全民治水的良好氛围。在此基础上，嘉兴积极创新投融资机制，引导和吸纳社会资本参与水环境治理；充分发挥环保社团——嘉兴环保联合会的作用，让更多的市民成为治水的参与者、监督者和成果的共享者。

通过数年治水实践，嘉兴在治水攻坚总体方向下，因地制宜，求是创新，着力构建治水新常态，从 2014 年开始嘉兴市交接断面水质考核连续获得优秀，实现了"两个历史性转变"：河网水质由劣 V 类和 V 类为主转变为 Ⅳ 类为主，河流交接断面考核结果由不合格跃升为连年优秀，摆脱了先前水环境质量屈居全省末位的窘境，成为了省级治水新标杆。

二、以"美丽乡村"为契机的生态人居建设

2003 年，时任中共浙江省委书记的习近平在深入调研、准确把握浙江"三农"工作和城乡关系阶段性特征基础上，适应人民群众新期待、新要求，筹划并部署了"千村示范、万村整治"工程（以下简称"千万工程"）。"千万工程"自启动以来，始终坚持"绿水青山就是金山银山"的发展理念，稳步推进农村人居环境整治，造就了万千美丽乡村。

（一）探索历程

改革开放以来，浙江的民营经济飞速发展，农村乡镇企业迅猛崛起，出现"村村点火、户户冒烟"的发展势头，然而与之相随的是环境"脏、乱、差、散"问题日益突出，逐步制约经济发展与人民群众健康。

2003 年，浙江省贯彻统筹城乡发展的理念和实现全面小康建设的要求，以农村生产、生活、生态的"三生"环境改善为重点，作出了实施"千万工程"的重大决策，并制定了总体的时间规划：2003 年至 2007 年，建成上千个"全面小康建设示范村"、完成近万个村庄整治；2008 年至 2012 年，以垃圾收集、污水治理等为重点，从源头上推进农村环境综合整治；2013 年到 2015 年，全省 70％的县达到"美丽乡村"目标。

风起于上，千万工程自实施以来，历届省委省政府对其不断发展完善，逐步推动改革创新。2010 年浙江制定实施了《浙江省美丽乡村建设行动计划》，以"千万工程"为载体，综合考虑各地不同的资源秉赋、区位条件、人文积淀和经济社会发展水平，按照"重点培育、全面推进、争创品牌"的要求，着力建设农村生态人居体系、农村生态环境体系、农村生态经济体系和农村生态文化体系。2012年，浙江省响应党的十八大关于生态文明和美丽中国建设的新指示，围绕"两

美浙江"建设新目标,进一步深化美丽乡村建设,全省开展美丽乡村"县乡村户"四级联创,联动推进生态人居、生态环境、生态经济、生态文化建设,努力打造"四美三宜二园"("四美"即科学规划布局美、村容整洁环境美、创业增收生活美、乡风文明身心美,"三宜"即宜居、宜业、宜游,"二园"即农民幸福生活家园、市民休闲旅游乐园)的美丽乡村。2016年,《浙江省深化美丽乡村建设行动计划(2016—2020年)》明确指出,实施美丽乡村建设升级版,力争到2020年底建成一批美丽乡村名县、名镇、名村、名胜和精品示范线,使农村景观越来越优美,农业产业越来越优化,农民生活越来越优质。

2017年,在取得阶段性成果的基础上,浙江提出实施"大花园"建设行动纲领,按照全域景区化要求全面推进美丽城乡建设。2018年启动创建千个乡村振兴精品村、万个美丽乡村景区村,开启高水平推进农村人居环境提升三年行动。之后,浙江省召开深化"千万工程"建设美丽浙江推进大会,强调在新起点上全力打造"千万工程"升级版,坚定不移建设美丽浙江,全面推进全省"大花园"建设,力争于2018年开好局、在2022年走前列、2035年成样板,高质量建设"诗画浙江",届时将形成"一户一处景、一村一幅画、一镇一天地、一城一风光"的全域大美格局,建设现代版的"富春山居图"。

2020年是"绿水青山就是金山银山"理念提出15周年,浙江省发改委颁发《浙江省大花园建设行动计划2020年工作要点》,将以大花园核心区(衢州市、丽水市)和示范县为重点,联动推进国家、省级重大改革试点,形成可复制推广的经验和模式,激发大花园建设的内生动力。

(二)实施成效

美丽乡村建设是生态文明建设不可获缺的重要组成部分,回首17年实践探索历程,浙江省生态人居环境建设以美丽乡村为契机,从"千万工程"到"大花园"行动,充分体现了对生态人居关系的深刻关切,对可持续发展的深入思考。党的十八大以来,习近平同志多次对"千万工程"建设进行指示,强调认真总结浙江美丽乡村建设经验并加以推广,从美丽生态到美丽经济、美好生活,浙江省将"千万工程"实施理念与初心一以贯之,无数乡村面貌焕然一新。2018年9月,浙江省"千万工程"被联合国授予"地球卫士奖","美丽乡村"已经成为浙江新农村建设的一张新名片,更是向世界展示"美丽中国"建设的重要窗口。

首先,"千万工程"强调村容村貌改造与乡村规划调整。一方面通过垃圾收集、村内道路硬化、卫生改厕、河沟清淤、村庄绿化,农房改造等举措,使村容村貌从民房违规搭建、污染直排乱放转向全域整洁、设施配套、布局合理的全新风貌;

农村基础设施逐步完善,全省农村公路等级公路比例达 99.7%,建制村客车通达率 100%,所有县(市)建成至少一所二级甲等以上医院,公办乡镇卫生院和社区卫生服务中心标准化建设达标率分别达到 95% 和 89.9%,基本形成"20 分钟医疗卫生服务圈"。另一方面,科学调整行政村规模,截至 2018 年底,全省及行政村落数由 2003 年的约 4 万缩减至约 2.47 万,基本形成以县域美丽乡村建设规划为龙头,村庄布局规划、中心村建设规划、农村土地综合整治规划、历史村落保护利用规划为基础的"1+4"县域美丽乡村建设规划体系①。

其次,绿色经济发展促进生态红利充分释放。浙江美丽乡村建设坚持因地制宜、分类指导,根据不同地形地貌,按照村庄功能定位、区位条件、产业特色、人文底蕴、资源禀赋,分类确定村庄的建设模式、发展方向,建设了一大批具有鲜明地域特色、人文特点的村寨,构建了"一村一品、一村一韵""一村一魂"的美丽乡村生动格局。"千万工程"启动之初,全省农民人均纯收入仅为 5431 元,截至2018 年,浙江 85% 以上省定集体经济薄弱村年经营性收入达到 5 万元以上、总收入达到 10 万元以上,农村常住居民人均可支配收入达 27302 元②。17 年来,"千万工程"累计让 3000 万人口受益,为浙江农村地区转型发展趟出了一条新路,实现了"生态资源"向"经济资源"的有效转化。

最后,强化乡村精神文明建设,提高农村居民文化水平。在美丽乡村建设过程中浙江十分重视历史文化村落保护与利用,依照"一年成型、二年成品、三年成景"的原则,开展历史文化村落保护工作,如抢修古建筑、传承历史文化遗产等,为美丽乡村建设熔铸历史基蕴与文化之根;积极推广生态保护理念,化风成俗,使广大村民成为生态保护的主体,愈来愈多的民众自发担任河长、林长、田长等生态保护职务,为共建共享生态文明成功贡献自身力量。同时,大力弘扬社会主义核心价值观,2014 年以来,浙江省共评选产生 454 名"浙江好人",其中 84 名入选"中国好人榜"③。在全省范围内全面开展了道德模范和"最美人物"评选活动,大力培育新时代乡贤文化,良好的家风、民风蔚然成风。

(三)湖州安吉:美丽乡村发源地与践行地

湖州市安吉县是中国美丽乡村建设的先行地与样本区。从曾经的贫困县到

---

① 《求是》科教编辑部,《今日浙江》杂志联合调研组."千万工程"造就万千美丽乡村[J].求是,2019(13).

② 《求是》科教编辑部,《今日浙江》杂志联合调研组."千万工程"造就万千美丽乡村[J].求是,2019(13).

③ 翁淮南,刘文韬等.美丽,从这里出发:浙江美丽乡村建设的生动实践[J].党建,2015(8).

全国首个生态县,安吉从工业文明时期的满目疮痍到现如今的大力发展生态经济,探索走出了一条生态美、产业兴、百姓富的生态文明建设之路。安吉"生态立县"的理念发端于 2003 年,在"千万工程"部署下,安吉开始推进农村人居环境的整治,并提出创建全国生态县目标,决心改变先破坏后修复的传统发展模式。2008 年初,安吉县委、县政府正式提出建设"中国美丽乡村"的目标,印发《安吉建设"中国美丽乡村"行动纲要》,并编制《安吉县建设"中国美丽乡村"总体规划》,按照全县一盘棋的"大乡村"理念,计划用十年左右时间,使"中国美丽乡村"的建设从抓点连线,到最终成片,逐步把安吉所有乡村都打造成"村村优美、家家创业、处处和谐、人人幸福"的美丽乡村,拉开了中国美丽乡村建设的序幕。

顶层设计的理念决定着前进方向。在美丽乡村建设过程中,安吉因地制宜统筹规划,逐年编制《安吉县建设"美丽乡村"行动纲要》《安吉县"美丽乡村"建设总体规划》等一系列县域空间规划和产业布局规划,形成了横向到边、纵向到底的建设规划体系,其中以安吉县作为第一起草单位起草的《中国美丽乡村建设指南》成为之后美丽乡村建设的国家标准,在美丽乡村建设中,安吉努力做到"建有规范、评有标准、管有办法",确保整个建设过程协调有序,科学有效,形成"一中心、四个面、三十六个点"为元素的"中国美丽乡村"标准体系。与此同时,在统一执行基础标准之上,鼓励各村强化个性,保留自然村庄原始形态和风貌。一方面根据自然区位条件和产业布局现状,逐镇逐村编制个性规划,将全县 15 个乡镇和 187 个行政村划分为"一中心五重镇两大特色区块"和 40 个工业特色村、98 个高效农业村、20 个休闲产业村、11 个综合发展村和 18 个城市化建设村,明确发展目标和主要任务;另一方面,保留乡村特有历史文化氛围十分注重对历史建筑的保护和地方特色文化内涵的挖掘,依据生态特色与人文底蕴分类打造,全面彰显一村一品、一村一景、一村一业、一村一韵。

资金投入是美丽乡村建设得已实施的重要支撑。在资金支持机制上,主张多元投入均衡推进,以财政资金为基础,整合涉农资金,改善全县农村的基础设施条件。截至 2019 年 7 月,安吉县直接用于美丽乡村建设的财政奖补资金已超 20 亿元。此外,安吉县积极创新投融资模式,激活村民组织及村民内部投资,引导农户通过劳动、土地等生产要素投入改善居住条件和优化周边环境;完善生态农业、休闲产业等生态绿色产业投资条件,吸引民间资本参与美丽乡村建设与运营管理,共撬动各类金融工商资本投入 200 亿元以上[①]。

---

① 浙江安吉县践行"两山"理念的生态文明建设之路[EB/OL]. https://www.sohu.com/a/333844609_480217. 2019-8-17.

制度健全与管理体系完善是美丽乡村建设得以贯彻落实的保障。2013 年，安吉县出台《安吉县中国美丽乡村长效管理暂行办法（修订）》，通过扩大考核范围、完善考核机制、加大奖惩力度、创新管理方法等途径，巩固美丽乡村建设成果；制定《美丽乡村物业管理办法》，设立"美丽乡村长效物业管理基金"；建立"乡镇物业中心"，强化监督考核；同时协调多个职能部门联合成立督查考核办公室，实行月检查、月巡视、月轮换、月通报和年考核 5 项工作机制，对全县各乡镇（街道）和行政村（农村社区）实行分片督查，考核涵盖卫生保洁、公共设施维护、园林绿化养护、生活污水设施管理等方面设定评价标准，考核结果纳入对行政村的年度长效管理综合考核。

美丽乡村建设实施以来，安吉的生态环境得到显著改善，植被覆盖率和森林覆盖率常年保持在 75％和 71％以上，空气质量优良天数比例达 89％，地表水、饮用水、出境水达标率均为 100％。安吉从一个名不见经传的山区县跃居为全国首个生态县、中国美丽乡村发源地、联合国人居奖唯一获得县，并且从一个省级贫困县跻身为全国百强县；在此基础上，正向建设中国最美县域的目标砥砺前行。2016 年，安吉入围省级特色小镇第二批培育名单，开展"一区两镇"建设，积极推进省级农业产业聚集区、农业特色小镇、林业特色小镇建设，全面推进天使小镇、影视小镇、"两山"梦想小镇建设。2017 年 12 月的中央农村工作会议上，习近平总书记点赞安吉，指出"像浙江安吉等地，美丽经济已成为靓丽的名片，同欧洲的乡村相比毫不逊色"[①]。

三、以生态功能区为起点的省域空间布局战略

合理的区域规划是制定空间发展战略与相关区域政策的前提与依据，也是强化空间管制促进社会经济可持续发展的基础，在生态文明建设过程中科学评估空间区位条件，因地制宜编撰合理发展方案，是规范空间环境保护与资源合理开发的必要手段。浙江省以最初的生态功能区为起点，不断探索空间合理布局之路，将人与自然和谐共处的生态理念注入空间发展战略之中，以环境承载力为重要指标创新主体功能区划，并将其拓展运用至省域空间布局，形成了经济社会发展与人口、资源、环境相协调的绿色空间规划格局。

---

① 浙江安吉"两山"智库助力美好未来［EB/OL］. https://www.xyshij.cn/detail-1482-74759.htm/.

（一）探索历程

优化生产力布局,明确不同区域发展、保护定位是浙江省生态文明建设始终秉持的治理理念。早在 2003 年,浙江省以《全国生态环境保护规划纲要》为指导,开展了生态功能区划工作,根据区域生态环境要素、生态环境敏感性与生态服务功能空间分异规律,结合资源开发程度,经济社会条件等因素将区域划分成不同生态功能区,以此为基础明确各区域内主要生态问题,评估不同生态系统对区域发展的支撑作用。

2005 年 9 月,习近平同志在钱塘江流域调研时指出,生态建设必须考量生态功能区定位,结合各地的产业基础和环境功能,严格规范环境治理标准。次年 6 月,习近平同志在全省第七次环境保护大会上对这一理念作出进一步阐释,强调依据环境承载力等相关指标实施区域分类开发政策,遵循生态功能区要求,确定不同地区的主导功能,形成各具特色的发展格局,促进区域经济规划与环境保护相协调。2006 年,浙江省正式开展了主体功能区建设工作,在生态功能区划基础上确定了优化开发、重点开发、限制开发和禁止开发四类功能区。

随着主体功能区战略全面实施,空间规划对区域功能提升的要求日益突出,为满足新型城市化发展需要与经济社会转型要求,2011 年,浙江省以城镇体系规划为研究重点,将生态环境资源重点保护区域的相关管理纳入《浙江省城镇体系规划(2011—2020)》进行统一规划,指出以建设生态省为目标,实施生态环境功能区划,改善城乡人居环境质量,加强城镇周边地区生态环境保护,并将全省划分为三大生态协调区,分别为城镇密集生态协调区、城镇点状发展生态协调区、海域与岛群生态协调区等三大片区,提出不同的生态发展目标和措施,主体功能区划与城镇化相结合成为浙江城乡生态文明建设的重要抓手。

2013 年 8 月,浙江发布了省级主体功能区规划,确定了 10 个省级重点生态功能区。2014 年,进一步部署编制了《浙江省域国土空间总体规划》,建立了省域国土空间利用战略和总体布局,强化“点、线、面”的空间界限管制和开发强度、基本农田、建设用地等空间指标管控,实现生产、生活、生态空间的布局优化和科学利用。

与此同时,考虑到浙江经济产业经济多为块状分布,较多资源聚集于某个空间之内,部分区域在特定产业发展上具有深厚的产业基础,于 2014 年首次提出建设特色小镇的全新构想,即在特定区域内依据环境因素明确发展定位,培育特色产业,并将特色小镇与驱动新经济的七大产业发展相提并论,将其视为浙江产业创新的重要载体,此后特色小镇培育逐步推广。

2017 年 1 月,中共中央办公厅、国务院办公厅联合印发了《省级空间规划试点方案》,结合省情实际,浙江省以主体功能区规划为基础,以全省域为对象,"先布棋盘":落实生态、农业、城镇"三类空间"和生态保护红线、永久基本农田、城镇开发边界"三条红线";"后落棋子":以"三区三线"为基础,对各类空间性规划核心内容进行整合与创新,编制形成"一本规划"。在此过程中,浙江以信息技术为依托,上下联动、协同推进,在深化省域空间布局,实施分类生态区域管理上取得了突破进展。

在此基础上,为进一步落实长三角区域一体化发展战略,提高区域协调治理能力,浙江将空间规划布局理念进一步推广,致力于探索一条具有浙江特色的陆海统筹和山海协作道路。2019 年 3 月浙江省国土空间规划编制工作部署动员会,启动国土空间规划编制工作,明确突出战略引领,将"以空间协同推动长三角区域一体化发展"这一目标作为全省国土空间规划的核心任务之一。2020 年 1月,《浙江省推进长江三角洲区域一体化发展行动方案》正式出台,提出共建长三角生态绿色一体化发展示范区,高品质建设大花园,加强长三角生态环境联保共治的行动规划。之后,颁布《长江三角洲区域一体化发展规划纲要》强调以"八八战略"再深化、改革开放再出发为主题,聚焦聚力高质量发展形成"示范区先行探索、中心区率先融入、多板块协同联动、全省域集成推进"的一体化发展格局,不仅标志着长三角一体化发展进入新阶段,也是新时期浙江省域空间布局的发展与深化。

（二）实施成效

浙江省空间规划布局战略在生态文明建设过程中发挥了确定区域主导功能的基础作用,相对其他制度设计而言具有较强的稳定性、约束性。相较于国内其他省市,浙江省土地资源较为匮乏,加之地貌特征也较为繁杂,呈现出"七山一水二分田"的格局,土地相隔分散难以相连成片,大多数市县域内同时拥有平原、丘陵、山地、滩涂、海洋等地域类型,以传统行政区划确定统一治理模式对发展经济、保护生态环境而言并非良策。在考虑区域自然属性基础上,突破原有区划隔阂,以环境资源容量等要素为判别依据划分相应功能区确立最佳发展主导模式是资源合理利用与自然生态系统良性循环的最佳方案。主体功能区建设的建立与推广优化了浙江省区域产业布局,通过调整城镇化与经济发展空间格局、重塑区域关系,实现了省域内综合效益的长期发展。

作为空间功能区划实践的最初的实践尝试,生态功能区始终是浙江省功能区划的核心对象,在生态功能区建立与完善过程中浙江先试先行,走在全国前列,全省各地树立绿色发展理念,加强生态保护和修复,合理调控工业化城镇化开发内容和边界,持续提升生态产品供给能力,这些举措的提出与落实在为之后的生态建设奠基固本的同时,赢得了人民群众一致好评,为全国范围内推广生态空间布局积累了宝贵经验。

此外,主体功能区空间规划激发了产业集聚效应,特定空间的区位禀赋往往催生同类或相近产业聚集,培育区域发展新增长点,发挥区域经济辐射功能。近年来,长三角空间一体化战略实施,发挥各区域间比较优势,形成多元化分工协作格局,分工协作强化了空间集聚范围效应和产业链协同效应,形成发展合力,实现资源配置效率的最大化。同时一体化使生态环境协同治理能力显著提升,跨区域跨流域生态网络逐步形成,优质生态产品供给能力不断提升,环境污染联防联治机制有效运行,区域突出环境问题得到进一步治理,生态环境质量总体改善。

(三)衢州开化:空间规划战略国家级试点地

衢州市开化县地处钱塘江的源头,既是浙江省内主要水源涵养地,也是重要的生态屏障。2013年,浙江省出台省级主体功能区规划后,将开化、淳安作为重点生态功能区示范区进行试点建设,并出台了相关的扶持政策和管理办法。作为国家级、省级重点生态功能示范区,开化在两级财政扶持之下积极探索生态奖惩制,对区域内各类环境及指标实时检测,以年度变化数量为依据进行经济奖补,并以其所毗邻的钱塘江源头为重点开展生态保护行动。

2014年,国家发改委、国土资源部、环保部、住建部四部委联合开展市县"多规合一"试点,致力解决特定空间内规划过多、规范相悖等问题,开化县成为首批全国28个试点县。试点启动后,开化县利用国家主体功能区建设、省级生态功能功能区示范区建设共同推进,结合开化中长期发展趋势和县域经济社会发展战略,以乡镇为基本单元,结合一定的自然边界,将开化全域划分为红色的城镇发展、黄色的农业生产、绿色的生态保护三大类空间;以"一本规划、一张蓝图"为思路进行改革实践,"先布棋盘、后落棋子",明确将全县域作为一个大公园来规划、建设和管理,坚持"生态立县"不动摇。此后,开化县深化探索,立足于重点生态功能区定位,充分发挥主观能动性,边试点、边改进、边完善。依据资源环境承载力和国土开发适宜性双评价进行空间区划,形成"三区三线"底图,有机整合各类空间性规划的核心内容,编制形成一本空间规划;科学配置基础设施、城镇、产业等空间要素,优化各类空间用地布局,绘制形成一张蓝图;着力协同共享,建成一个便捷高效的空间规划管理信息平台;着力破除技术壁垒,统一坐标体系、基础数据、用地分类等,形成一套统一衔接的技术规程;强化监督协调,创新提出一套有利于规划实施的体制机制,形成"五个一"成果。2017年,《开化县空间规划(2016—2030年)》正式获批,作为全国首个获批的县级空间规划,标志着开化县"多规合一"试点从探索阶段全面转入实施阶段。

空间规划改革稳步推进带来了显著的生态成效,2018年,开化生态系统生产总值高达645.55亿元,森林覆盖率达80.9%,全县Ⅰ、Ⅱ类水占比99.7%,水环境质量位列钱塘江流域首位,凭借傲人的生态治理成绩,开化成功创建国家生态文明建设示范县,入选钱塘江源头区域山水林田湖草生态保护修复工程全国试点,并成立全国首个"生态价值实现机制研究中心",同时成功将生态效益转化为经济效率,依托良好环境优势,开化大力发展全域生态文化旅游业,并以此为中心带动生态农业及其他服务业发展,2018年旅游人次突破1000万人次,旅游总收入达80余亿元,实现了连续17年增长。

第二节　浙江省生态文明建设的制度设计

建设生态文明,制度是关键。习近平总书记曾指出,必须"用最严格制度、最严密法治保护生态环境,加快制度创新,强化制度执行,让制度成为刚性的约束和不可触碰的高压线"①。生态文明建设的制度设计本质是生态文明理念的法制化、体系化表达,通过法律法规、行政手段、经济手段等方式,对社会主体可能对生态环境领域产生影响的相关行为作出刚性约束或选择性引导,规范其行为与生态文明理念相适应,为生态文明建设提供了根本性保障,是生态文明建设走向常态化、规范化的必要基础。生态文明制度的确立并非一蹴而就,而是理论、经验、实践三者相辅相成的互动探索,长期以来,浙江省在生态治理过程中孜孜求索,建立了一套行之有效的生态文明建设制度体系,包括源头严控型、过程严管型、恶果严惩型、多元投入型四大类别,从生态环境保护与治理的全过程确立制度保障。

一、源头严控型制度

源头严控型制度是指从根源入手落实生态文明建设理念,以预防为核心,强调治理链向前延伸,实现环境治理标本兼治、侧重治本的制度设计。与其他环境

---

① 习近平谈治国理政(第3卷)[M].北京:外文出版社,2017:363.

保护制度相比,源头严控型制度是生态文明制度设计的首要环节,其作用一是在于对之后各类环境治理机制提供基础性的制度保障,为后期生态建设工作的开展奠定基础与规范,二是通过制度安排使损害环境的相关行为在萌芽时期得以遏制,以制度层面引导与约束形成事前防护,体现了预防高于修复的价值取向。在浙江省生态文明建设过程中,前者主要表现为自然资源产权制度完善与确权工作开展,后者则包含了环境准入制度及生态红线制度。

(一)建立完善自然资源产权制度

自然资源产权即自然资源所有权或用益权,所有权人或用益权人在不违背法律和损害第三人利益的情况下,可以根据自己的意愿自由且不受他人干涉地行使关于该资源的权利。我国宪法和法律明确表明,我国实行社会主义公有制,自然资源产权由国家或集体所有,在此基础上,对于各类自然资源使用权安排各不相同,在长期实践中基本形成了政府代为行使所有权、各经济主体通过申请审批获得使用权的自然资源使用模式。然而随着市场经济不断发展,原有自然资源产权制度缺陷日益显露,政府以全民平等享有自然资源逻辑出发,以许可证等方式低价或无偿形式向社会部分经济主体提供自然资源使用权,不仅使原有应由全体人民共享的自然资源转为部分经济主体的谋利手段,出现公有私用的现象,其所支付的低成本更使经济主体轻视自然资源价值,在生产过程中倾向于过度开发与粗放式使用。基于这一背景,如何对自然资源产权制度加以完善使其真正通过权利约束起到事前防范的积极作用是改革开放后自然资源产权制度改革所一直探索的方向。

一直以来,浙江省十分重视自然资源产权制度的健全与落实,通过一系列改革举措对自然资源产权权益主体、权能归属、权限范围、使用方式等具体内容进行明晰,突破原有产权制度中表述模糊所导致的权利主体虚置、权能缺位等局限。其一,大力推进建立统一的确权登记系统。按照国土资源部等七部门《关于印发〈自然资源统一确权登记办法(试行)〉的通知》要求,浙江省在全省范围内对水流、森林、山岭、草原、荒地、滩涂等自然生态空间统一进行确权登记。推动制定相关政策和法规,建立统一的数据库,实现自然资源资产登记的系统管理和信息共享,并围绕不动产统一登记和自然资源确权登记两条主线进一步加快推进不动产登记数字化转型和"最多跑一次"改革,登记机构与信息中心密切配合,协同推进确权登记数字化改革。通过确权工作的全面开展逐步落实各类自然资源所有权主体与承包主体,厘清了权利客体范围与基本权限,扭转过去权利主体虚置的局面,强化了排他性界定,对权利使用和保护起到了约束作用。其二,健全自然资源资产管理体制。在前期开展的摸底调研工作基础上,浙江省研究制定自然资源资产管理机构改革方案,明确对全民所有的自然资源统一行使所有权的机构,弥补了过去权利形式主体不清,出现多级委托代理致使最终代理者出于自身利益考虑而罔顾全民公共利益的现象。其三,探索建立分级行使所有权的体制。国土资源、水利、林业、海洋与渔业等自然资源资产管理部门根据国家对分级行使所有权的要求,按照不同资源种类和在生态、经济、国防等方面的重要程度,厘清省政府直接行使所有权、市县政府行使所有权的资源清单和空间范围,建立健全全省各级政府分级代理行使所有权职责、享有所有者权益的自然资源管理体制。

(二)严格实施环境准入机制

环境准入制度是指环保部门根据区域环境容量和条件,合理确定区域功能定位和开发格局,统筹考虑开发建设活动对环境可能产生的影响,对开发建设活动做出限制或提出控制的一系列准则和规定。浙江省是我国少数几个率先尝试环境准入制度的省份之一,2007年,浙江环保系统依据区域环境容量和条件,合理确定功能定位和开发格局,对开发建设活动做出限制、控制的一系列准则和规定。2010年,浙江省政府出台了《关于全面推进规划环境影响评价工作的意见》,此后环境准入制度在浙江逐渐实现制度化。伴随环境准入制度的逐步推广,原有制度设计上的不足日益显现,传统环境准入制度在审议标准设置上仅将单个项目对环境的影响纳入考量,鲜少将区域内所有项目累积性影响与该区域内环境承载力相对照,使得制度成效大打折扣。

2012年,浙江省环境准入制度改变了先前的单一项目环评审批,建立了空间准入、总量准入、项目准入"三位一体"及专家评价和公众评价"两评结合"的环境决策咨询机制,将区域空间管理、总量控制纳入审批制度,建立起规划环评和项目环评联动机制。在空间准入上,依据全省范围内生态功能区规划具体要求,通过分区环境管理,明确各区域生态环保目标;在从总量准入上,将各类区域、行业的规划环评结论作为项目环评的前置条件和重要依据,对依法应当开展而未进行环评的规划、规划范围内的项目环评不予受理,从而使规划确定的区域、行业发展整体规模、布局等与环境承载能力相适应;在项目准入上,则是通过污染物总量替代削减、完善重污染行业环境准入条件、区域限批等方式规范环评审批管理;在以上三项标准基础上明确所允许、限制、禁止的产业和项目类型清单,提出城乡建设、工农业生产、矿产开发、旅游康体等活动的规模、强度、布局和环境保护等方面的限额要求。

在环境准入制度的严格把关下,浙江省逐步淘汰高污染企业,有效防止了产能过剩、不符合环保要求和"两高一资"等项目的落地,倒逼产业实现绿色升级,2018年浙江省万元GDP能耗为0.40吨标准煤,能源利用效率居全国前列,实现经济结构战略性调整和增长方式的根本性转变。

(三)坚守生态保护红线规划

生态保护红线是指在自然生态服务功能、环境质量安全、自然资源利用等方面,需要实行严格保护的空间边界与管理限值,以此维护国家和区域生态安全及经济社会可持续发展,保障人民群众健康。在具体制度设计上,涵盖了两个层次,一是以区域规划为基础,划定空间红线,以生态红线区等形式对生态系统较为脆弱或具有重要生态功能的区域实施全面生态保护,通过空间边界分割不同功能区,以期实现生态保护与空间资源优化配置相结合;二是设置数量红线,对于生态保护红线区依照区域环境承载力明确区域内可承受的环境质量底线与资源利用上线,形成刚性约束并严格贯彻执行。

我国生态红线制度出台较晚,2011年《国务院关于加强环境保护重点工作的意见》中首次提及"生态红线制度",强调编制环境功能区划,在重要生态功能区、陆地、海洋生态敏感区、脆弱区等区域划定生态红线。事实上,早在20世纪末生态保护红线制度已在浙江省开始小范围试水。2000年,湖州安吉所提出的生态县规划中便提出了划定生态红线区的要求,2007年,浙江省环保厅就在全省试行了生态环境功能区规划,并明确提出将"建立生态环境空间管制制度,编制全省环境功能区划,划定生态红线"作为重点突破的改革事项稳步推进。

2013年,《浙江省主体功能区规划》正式发布,指出在全省范围内依照"三带四区两屏"的国土空间开发总体格局,实施生态环境空间分区分类管理,确保生态环境空间得到合理保护与开发。强化生态保护红线的刚性约束,将生态保护红线作为各类空间规划编制的重要基础,制定实施生态保护红线的管控措施、正面清单、动态监管、激励约束政策和考核评价、责任追究制度,构建区域生态安全底线,保障生态环境安全。深入开展环境功能区划工作,实行分区差别化管理政策,落实"生态保护红线、环境质量底线、资源利用上线和环境准入负面清单"为主要内容的"三线一单"约束,推动国土空间开发格局优化。

2016年9月,《浙江省环境功能区划》正式印发,详细阐明了全省土地利用类型、发展模式和目标方向,其中共划定702块生态保护红线区,为筑牢生态保护设置了一条"警戒线"。此后,继续出台《关于全面落实划定并严守生态保护红线的实施意见》,明确了建设计划与要求:至2017年年底前,全省划定并完善全省生态保护红线;2019 年年底前,完成对全省生态保护红线的勘界定标,基本建立全省的生态保护红线制度,全省生态空间得到优化和有效保护,生态功能保持稳定;2030 年,全省生态保护红线布局进一步优化,生态保护红线制度有效实施,受损生态系统全面恢复,生态功能显著提升,形成支撑经济社会可持续发展的生态安全屏障体系,生态安全将得到全面切实的保障。

浙江省生态保护红线规划的落定,明确了每个区块土地的生态保护等级,也保证了其性质的长期稳定。生态保护红线划定之后,全省上下一体遵行,通过实施最严格的管理制度保障目标实现:一是保护性质不改变,即红线保护的主要对象保持相对稳定,区位不可随意调整;二是主体功能不降低,即红线区域的主体功能应当通过强化保护与监管逐步得到改善;三是管理要求不放宽,即保护面积不减少,管理限值与管理措施宜严不宜宽。

二、过程严管型制度

过程严管型制度强调在行为主体进行生态破坏或资源浪费时通过行政执法的刚性约束或经济利益良性引导使其减少或放弃生态破坏,从而实现生态保护效应。浙江省在过程治理中严格落实制度监管作用,并积极推动环境资源要素市场化改革创新,赋予生态资源合理的价格信号,形成了自然资源有偿使用的基本立场,通过统筹谋划与制度设计,实现资源要素市场高效配置。

(一)强化环境监管制度改革

首先,应强化政府环境监管的制度改革。长期以来,环境监管一直是生态环境保护的重点,但由于环境信息不对称现象导致监管成本高、搜证取证难度大、执法效率低等问题广泛存在,使其未能发挥应有功效反而成为生态建设工作中的短板之一。浙江省始终高度重视环境监管工作,在环境监管过程中,积极实施监管责任制改革,实行各级行政首长负责制,要求各级行政首长在其任期内制定环境保护目标与年度实施计划,切实落实监管职责,并将本行政区域内环境污染防治工作和环境质量水平纳入领导干部政绩考核。这一机制成功将省委主要领导对环境监管工作的高度重视转化为各级党委政府领导真抓实干,促使浙江省环境监管力度长期居于全国前列。

其次,依托现代科技创新,打造全程监管链条。浙江省依托现代信息化技术,利用"互联网＋"互联信息、降低成本,积极构建重点污染源自动监控网。一方面运用"互联网＋"与现代信息技术,创新现代化检测系统,为环境监管体系提供强大技术支持。2016 年,金华市率先在全市范围内建立起现代化监测系统,形成了以 8 个环境监控中心为节点,76 家重点企业污染源在线监测监控系统、10 个水质自动监测站、18 个空气自动监测站组成的环境自动监测监控网络。环境自动监测监控系统包括监控中心平台、自动监测站、污染源在线监测监控系统及传输网络。自动监测站和污染源在线监测监控系统包括水、气自动监测站及水、气污染源在线监测监控系统。该系统通过监测仪器、数据采集仪器、数据传输网络和监控中心,实现对污染源在线监测数据及视频图像的采集、传输、存储、分析、发布和应用管理。在污染企业的污染排放口建立污染监测监控装置,相当于给污染企业配备了一名全勤的电子警察,对企业排污进行 24 小时不间断的监督监测,有力震慑了环境违法行为,促使企业主动履行污染治理任务,提高治理水平,有效杜绝了不法企业闲置污染治理设施、不正常使用治理设施、偷排、漏排等行为。截至 2016 年底,浙江全省已完成省市两级信息化监控平台建设,2017 年底,406 家省控重点危废产生单位联网监控覆盖率达到 70%,164 家经营单位联网监控覆盖率达到 100%①,杭州、宁波、温州、绍兴、衢州 5 市平台已与省级平台联网,其余 6 市平台也已投入运行。

此外,浙江省政府通过完善信息公开平台,营造全面监督的良好氛围。浙江省政府不断完善环境信息公开工作,提升部门门户网站建设与双微(微博、微信)官方账号的运维工作,完善空气质量日报、水质月报、重点排污单位监督性监测数据、企业行政处罚信息公开等,保障群众环境权益。任何单位和个人都负有保护环境义务,有权对污染、破坏环境的行为进行检举和控告,在直接受到环境污染危害时有权要求排除危害和赔偿损失。通过推进环保行政执法与民主监督、公众监督、舆论监督、司法监督相结合,强化监管氛围,提高监管力度。

(二)深化资源要素市场化改革

不论是自然资源抑或生态环境,在经济生产过程中都充当着生产要素的角色,其投入价值转化为商品价值的一部分,因此自然资源的取得与生态环境保护所需耗费的货币成本计入经济生产总成本。然而,由于二者自身的公共物品属性,具有一定非竞争性、非排他性,导致经济主体倾向以其所具有的公共生态利益换取自身经济利益。这种公有私用现象一方面在于刚性监管措施未能真正发挥作用,另一方面在于经济主体使用自然资源、破坏生态环境所带来的成本外部化,由全体社会成员或政府共同承担,而作为生态破坏者、索取者的私人个体几

---

① 从摇篮到坟墓浙江"四大行动"推进危废全过程监管[EB/OL]. http://www.sfdhb.com/03-00004138-1.html. 2017-5-10.

乎未承担任何经济成本。资源要素市场化改革实质即在要素配置过程中引入价格机制和交易机制,将自然资源取得成本与生态环境保护治理成本私人化、内部化,通过价格条件反映供需情况与资源价值,从而更好地提高资源配置效率。

市场机制的引入在浙江各类生态要素配置上运用十分广泛,其先河可追溯至21世纪初,新世纪市场经济的发展推动私有制经济活力的不断迸发,如何利用市场交易机制提高自然资源配置效率是这一阶段改革的重点议题。浙江省率先从水权制度改革入手,开创水权交易制度先河。长期以来,我国的水权分配主要表现为指令用水、行政划拨,在流域管理中,各区域用水通常由上级行政分配,水事纠纷也主要由行政手段协调,行政计划分配往往偏离实际需要,形成一定的供需失衡。2000年11月,东阳、义乌两市政府经过多轮协商签署用水权转让协议:义乌市一次性出资2亿元购买东阳横锦水库每年4999.9万立方米水的使用权;转让用水权后水库原所有权不变,水库运行、工程维护仍由东阳负责,义乌按当年实际供水量按每立方米0.1元标准支付综合管理费,这一案例正式标志我国水权交易市场正式诞生,同时也为之后多类自然资源权属有偿交易制度的建立奠定了方向。

在水权交易机制确立之后,浙江省进一步将权能要素市场化交易模式运用于环境治理层面。彼时的环保治理议题仍方兴未艾,但伴随着粗放式经济增长所导致的生态问题已隐约出现,在借鉴国外环境治理模式之后,国内先后出现了排污权交易案例,在诸多启示下浙江率先尝试排污权有偿使用模式,经过两年的准备,嘉兴市秀洲区政府于2002年4月出台了《秀洲区水污染排放总量控制和排污权有偿使用管理试行办法》,开创了国内排污权有偿使用的先河。该《办法》规定,区内重点污染企业必须有偿购买污水排放指标,以此改变先前私人企业仅注重自身生产过程中污水的达标排放忽视总量控制而造成的地区污水总体污染指标超标的困境。排污权有偿使用模式推行后,具有排污需求的企业可根据自身需要向环保部门申请一定的排放额度,经批准后付费购买。与此同时,环保部门加强了污水排放量的监控。2007年9月,嘉兴市人民政府正式颁布实施《嘉兴市主要污染物排污权交易办法(试行)》,从而将“秀洲模式”扩展至“嘉兴模式”。“嘉兴模式”在排污权有偿使用与初始分配的基础上,规范了排污权交易流程,并探索了排污权交易制度的创新措施,如开展排污权抵押贷款、尝试排污权公开拍卖、实现排污权强制回收等。之后,排污权有偿使用与交易制度先后在绍兴市、湖州市、台州市落户试点,取得了理想的政策效果。2009年,浙江省正式颁布《浙江省主要污染物排污权有偿使用和交易试点工作方案》,启动全省排污权有偿使用和交易试点工作。同年,出台了《关于开展排污权有偿使用和交易试点工作的指导意见》,为排污权有偿使用与交易机制建立指明了方向。2010年,浙江省政府相继出台了《浙江省排污许可证管理暂行办法》和《浙江省排污权有偿使用和交易试点工作暂行办法》,明确浙江省将在全省范围内全面施行二氧化硫(SO_2)排污权有偿使用和交易制度。2012年,浙江省全面强制推行排污权制度,明确提出在全省范围内全面推动以排污许可为前提的主要污染物总量指标量化管理工作;全面实施以排污权交易中心统筹为核心的主要污染物排污权交易制度;全面推进以企业刷卡技术为保障的主要污染物监测体系建设。从制度设计的视角而言,排污权有偿使用与交易制度将排污量与生产成本总额直接挂钩,相当于为污染项目设置了一个经济壁垒,由此形成倒逼产业结构的调整和清洁生产的普及的传导机制,这种理念充分尊重了良好自然资源的稀缺性,同时在确保环境承载力的基础上通过交易机制灵活调整企业乃至区域直接的排污份额,展现出环境资源市场化运作所带来的高效配置。

此后,浙江省逐步拓展权能交易机制使用对象,在"十三五"规划期间重点推动建立了碳排放权交易制度与用能权交易制度。2015年,台州成功开发出首个温室气体核证自愿减排量项目(CCER),标志该项目企业可通过国内碳排放权交易市场进行碳交易。2016年,浙江省政府出台《浙江省碳排放权交易市场建设实施方案》,要求按照我国统一碳市场建设的工作部署,结合省情和工作实际,建立健全配额管理机制与交易监管体系。在具体操作过程中,科学制定配额分配方案、加强配额管理、设定配额抵消机制,同时通过相应的惩罚措施,加强参与主体交易监管,建立事前计划、事中监测、事后报告及第三方核查的工作体系,并大力推动支撑体系建设与碳产业发展。总体而言,碳排放权交易市场建设,将高能耗、高排放的企业纳入碳交易,利用市场机制,将促进处于行业先进水平的企业获得更多收益,促使落后企业加快转型、削减规模或退出经营,从而实现经济低碳化和转型升级的双赢。

相比之下,用能权①有偿使用与交易制度推出稍晚,但其吸纳了此前众多自然资源权利交易机制设立的宝贵经验,避免了相应误区,政策推行上更显简洁有力。所谓用能权即在能源消费总量和强度控制的前提下,用能单位经核发或交易取得、允许其使用或投入生产的综合能源消费量权益,简言之即企业使用或消费能耗投入生产过程的权益。与其他自然资源交易制度相似,用能权有偿使用与交易制度市场配置机制,推动企业改善生产方式,加快集约化生产,推动产业

---

① 专用术语,指在能源消费总量和强度控制的前提下,用能单位经核发或者交易取得的,允许其使用的年度综合能源消费量的权利。

绿色发展。2018年,《浙江省用能权有偿使用和交易试点工作实施方案》正式出台,明确提出要建立较为完善的用能权交易制度体系、监管体系、技术体系、配套政策和交易系统,推动能源要素更高效配置。该《方案》将用能权有偿使用和交易包括增量交易、存量交易和租赁交易,强调了省级平台对用能权初期建设中所应承担的监管、统计、监测等主体作用,并对交易价格、交易程序、交易模式进行了详细指导。2019年,浙江省发改委印发《浙江省用能权有偿使用和交易管理暂行办法》,规范用能权有偿使用和交易行为,推动能源要素配置市场化改革。该《办法》指出,在用能权交易初始阶段以增量交易为主,交易主体为市、县级政府和有关企业。用能权交易标的为用能权指标,以吨标准煤(等价值)为单位。交易价格通过竞价、招拍挂等方式确定。与此同时,进一步明确了各方权责,县级以上公共资源交易机构需承担用能权交易的信息发布、合同存档、数据统计等具体实施和服务保障工作。县级以上能源监察(监测)机构负责实施用能单位用能情况的实时监测。

自然资源本身所具有的非排他性与非竞争性致使部分企业生产者在从事经济活动时罔顾自然资源所承载的公共利益,一味追求自身利润最大化,形成不可逆的生态环境损坏。从市场机制角度而言,市场主体必定是逐利的,浙江省自然资源要素市场化配置机制实质便是运用价格机制传导,坚持"谁使用,谁污染,谁付费"原则,将生态保护成本推导至各生产企业之中,将生产活动对环境所带来的负外部性转换为具体的可衡量的要素投入,以生产约束方式推动企业优化生产效率,从而实现产业节能减排与绿色升级。

(三)健全生态补偿制度

所谓生态补偿机制实质上包含了正负双重维度,一方面对于自然资源与环境的使用开发者而言,需因自身行为所带来的生态损害而对提供这一优良环境的地区或主体支付适当的经济补偿,这种经济补偿近似于资源使用费用或排污费,是因生态破坏而征收内部化成本;另一方面,生产补偿机制还意指对于良好生态环境提供者、保护者所给予的转移支付或经济补贴,这一维度的经济补偿多由财政给付,以经济利益调动社会成员生态建设的积极性,形成以经济手段促进生态资源保护的激励机制。由于前者与环境赔偿制度相近,且我国现阶段对于生态补偿机制发展多集中后者,下文主要从这一维度进行展开。

生态补偿机制的实践可追溯至20世纪70年代,当时我国大力开展的退耕还林工程,其本质即为生态补偿机制的尝试,而首次将生态补偿机制以制度形式提出确立则是于1996年8月,《国务院关于环境保护若干问题的决定》正式颁发,明确提出建立并完善有偿使用自然资源和恢复生态环境的经济补偿机制。1998 年,森林生态效益补偿基金以法律形式得以确立。此后我国生态补偿制度发展多集中于对生态环境,浙江省紧随其后,将制度设计与改革实践相结合,于1999 年出台《浙江省农业自然资源综合管理条例》,要求加大对重点保护山区和水源涵养区的转移支付力度,并逐步建立生态环境补偿专项资金。2003 年 6月,浙江省人大常委会在《关于建设生态省的决定》中明确指出在全省范围内逐步建立和健全生态效益补偿机制。2005 年浙江省政府继续出台《关于进一步完善生态补偿机制的若干意见》,逐步推进浙江省的生态补偿机制走向制度化、规范化。至 2008 年,浙江省成功在全省范围内建立起生态补偿制度,标志着浙江省正式成为我国首个在省域层面上建立生态补偿制的省份。

在多年的实践中,浙江省生态补偿制度所涉及的对象逐步延伸拓展,主要包括生态公益林补偿制、耕地保护补偿制、湿地生态补偿制及水环境生态补偿制等。

首先是公益林补偿制。从 2004 年起,浙江便全面实施了森林生态效益补偿基金制度,期间曾 10 次提高补偿标准,由最初的每年每亩 8 元提至 2019 年每亩31 元(主要干流和重要支流源头县及国家级和省级自然保护区等重要区域省级以上公益林的最低补偿标准达到每亩 40 元),这一补偿标准位居全国首位。

其次是水环境生态补偿制。2005 年 5 月,杭州市委办公厅、市政府办公厅下发《关于建立健全生态补偿机制的若干意见》,建立了杭州市级生态补偿公共财政制度,重点对钱塘江上游生态保护重点区域进行生态补偿;2006 年浙江省政府于钱塘江源头地区的 10 个市县设立省级财政生态补偿试点,依据生态公益林、大中型水库、产业结构调整和环保基础设施建设等四大类因素进行考核,根据当地具体实际进行生态补偿规划。2007 年,浙江对全省八大水系地区的 45个市县实行了生态环保财力转移支付制度,依托省级财政成功建立起了全流域生态补偿机制;2016 年,浙江省政府出台《浙江省水污染防治行动计划》,逐步完善以水环境质量为基础、江河源头地区和重要水源涵养区为重点的生态补偿机制。水环境生态补偿制在浙江省较为普遍且已逐步推行基础生态治理之中,以安吉县为例,从 2019 年开始,安吉县每年投入 4000 万元作为饮用水源地生态保护奖补资金,同时与长兴县共同签署了关于西苕溪流域上下游横向生态补偿协议,两地各出资 500 万元、600 万元共同设立生态补偿基金。

再次是耕地保护生态补偿机制。浙江省于 2012 年正式启动省级试点,历时4 年实践探索,2016 年浙江省国土资源厅、农业厅、财政厅联合印发《关于全面建立耕地保护补偿机制的通知》,正式指出对于承担耕地保护任务和责任的村级集体经济组织和农户依据"谁保护,谁受益"原则给予合理经济补助,补助资金由省级财政拨款,补助对象为永久基本农田和其他一般耕地,最低档补偿标准不得低于每年每亩 30 元,通过耕地保护生态补偿制的确立农村集体经济组织和农户从保护耕地中获得长期的、稳定的经济收益,促使其不断提高生态保护意识与践行保护行为。

最后是湿地生态补偿制。2012 年 12 月,《浙江省湿地保护条例》正式出台,明确建立湿地生态效益补偿制度,强调将湿地保护管理经费和湿地生态效益补偿经费列入财政预算,并对湿地的日常管理、保护形式进行细致说明。

近年来,各类生态补偿机制的实行呈现出以下两大特征:

一是,补偿经费多元化趋势突出。从总体规模而言,财政拨款是生态补助机制资金的主要来源。据悉,2002 年至 2006 年,浙江省财政共安排生态补偿转移支付资金 224.99 亿元,以 2005 年为例,全年浙江省级财政用于生态补偿转移支付的资金总额高达 63.58 亿元,此后财政支出用于生态补偿的金额仍呈现出逐年递增趋势[①]。与此同时,浙江省开拓多元化筹资机制,如吸纳金融资本、自然资源有偿转移支付、社会捐款等手段,减轻财政负担的同时增加了生态补偿资金总额,强化制度效应。德清县是浙江首个确立县级生态补偿机制的试点,其在生态补偿资源的筹措上提供了较强的指导意义。德清县在 2010 年出台的《关于建立西部乡镇生态补偿机制的实施意见》中提出建立生态补偿基金的理念,分别从财政预算、水资源使用费收入、土地出让金、排污费收入、农业发展基金、景区门票收入等方面提取一定比列筹措资金。据统计,这一筹资方式可使德清每年新增约 1000 万元的生态补偿金。资金量增加使村民获得了长期的稳定收入,从而对生态治理效益感知更为明确,进一步提升生态保护意识。

二是,跨省区域协同治理能力逐步增强。从生态补偿机制初期所进行的钱塘江上游生态保护区域试点,到之后的境内八大水系干流和流域实践实施生态环保财政转移支付政策,在水环境生态补偿实现过程中一直都涉及多个行政区域协同治理,在多次实践中浙江积累了各级政府之间的协调与配合的有益经验,随着生态补偿制度取得的成果日益显现,浙江省在全省普及基础上大胆尝试,探索跨省区域生态补偿机制。2005 年开始,浙皖两省开始就建立新安江流域生态补偿机制进行洽谈。新安江是浙江省千岛湖的主要水源地,其水质标准决定了千岛湖的生态环境质量,长久以来由于其流域广阔横跨两省,如何实现上下游同

---

① 浙江省财政近五年来安排生态补偿资金 200 多亿元[EB/OL]. http://www.gov.cn/jrzg/2006-12/06/content_462557.htm. 2016-12-6.

治同管一直困扰着两地政府。2011 年,财政部、环保部牵头组织的全国首个跨省流域生态补偿机制试点在新安江启动实施,主要实施方法是以两省交界处水域为考核标准,若上游安徽省供水质量高于所设定的基本标准,下游浙江省则对其给予相应补偿;反之则由安徽省对浙江省给予补偿,每年所投入的补偿金额为5 亿元,其中中央财政出资 3 亿元,其余部分由两省平摊。两省系统开展生态补偿机制使得新安江流域的水质大为改善,据悉,2011—2013 年新安江流域总体水质为优,跨省界断面水质达到地表水环境质量标准Ⅰ~Ⅲ类。2015 年起,皖浙两省出资均提高到 2 亿元。2018 年 10 月中旬,皖浙两省签订第三轮生态补偿协议,规定从 2018—2020 年,两省每年各出资 2 亿元的同时提高水质考核标准,共同设立新安江流域上下游横向生态补偿资金,延续流域跨省界断面水质考核。新安江生态补偿模式是浙江省生态补偿机制的延续与深化,也为其他区域协同治理提供了可供复制的路径参考,在新安江生态补偿制实施后,区域协同治理的生态补偿模式在全国复制推广中也取得不俗成效。

三、恶果严惩型制度

恶果严惩型制度是针对既已发生的环境污染或生态损坏行为进行严肃惩处的机制,通过事后惩治使行为主体尽可能杜绝事件再次发生,形成不可为、不敢为、不愿为的预防与约束作用。以所作用的对象划分,浙江省近年来所建立的恶果严惩型制度主要包括以下几种:

（一）环境损害的终身追责制

为避免各级党政领导干部在就任期间过度追求经济成效盲目开发使用自然生态资源,以环境损害换经济增长,浙江在全省范围内全面建立环境损害终身追责制。2014 年浙江省人大常委会通过了《关于保障和促进建设美丽浙江创造美好生活的决定》,首次明确"县级以上政府将完善经济社会发展考核评价体系,把资源消耗、环境损害、生态效益等体现生态文明建设状况的指标纳入对下级政府的考核内容;根据不同区域主体、功能要求和目标定位实行差异化评价考核,引导各地差异化发展;建立生态环境损害责任终身追究制度,对因盲目决策造成生态环境严重损害的,不论相关责任人是否在职,均应当追究其相应责任"。2015年,中共中央办公厅、国务院办公厅印发了《党政领导干部生态环境损害责任追究办法(试行)》,正式在全国范围内推行环境损害追责制,并对生态环境损害的追责主体、行为认定、追责形式、程序等具体信息进行明确阐述,基本奠定了环境损害追责制的基本框架。之后,浙江省政府在该《办法》的基础上多方征询借鉴,于 2016 年 9 月出台《浙江省党政领导干部生态环境损害责任追究实施细则（试行）》。该《细则》依据职责分工和履职情况细化了相关地方党委和政府主要领导成员、其他相关部门领导成员、有关机构领导人员等各类主体需承担的各类追责情形，在追责方式上坚持落实生态环境损害责任终身追究制，对违背科学发展要求、造成生态环境和资源严重破坏的责任人，不论是否已调离、轮岗、提拔或者退休，都必须严格追责，并具体阐明了实施主体与具体程序。

作为生态追责的前提，浙江省积极推进领导干部生态责任审计制，使其与之相配套。2015 年以来，安吉率先在全省范围内探索实施主要领导干部生态责任审计，实行经济责任与生态责任同步审计，依据资金、资源两条线，客观公允地对各级领导干部履行生态保护责任的情况做出评价，主要评价指标多达 14 项，涵盖领导干部生态决策、生态管理、生态政策执行等多方面，审计报告将送往政府及相关部门，并归入领导干部本人档案，作为考核、任免、奖惩等参考依据，进一步强化了乡镇主要领导干部的生态保护主体责任。

浙江省生态损害追责制的最大特点在于：坚持终身追责，对于许多领导干部而言，经济效应相较于生态效应更易于量化，投入回报周期更短，在任期内侧重经济建设可直观转化为自身政绩成果，而生态建设周期长，往往需历经多任干部努力方显成效，由此导致的权责相对模糊，即使取得了显著进展也难以体现各自贡献，反之若出现生态环境治理失误也可推脱至下任干部，规避责罚。正是出于这种考量许多领导干部在就任期间往往更侧重经济发展而忽视生态建设，更有甚者以牺牲自然环境为代价实现所谓"经济高增长"。终身追责制旨在从根本上对这种错误政绩观而带来的渎职失职行为进行改变，一方面，继续强化延长责任期限，摆脱以往以任期为时间界限所形成的追责壁垒，加强终身追责意识树立与行为落实，使其有如利刃高悬，强化了领导干部生态环境保护的履责意愿，对警示其审慎用权具有深远影响。另一方面，重视完善权责认定机制，将自然环境保护成果纳入政绩考核，探索编制自然资源资产负债表制度。2018 年浙江省政府办公厅印发了《全面推开省市两级编制自然资源资产负债表工作方案》，并于2019 年全面开启相关工作建设。自然资源资产负债表即运用区域内的水资源、环境状况、林地、开发强度诸多因素进行综合评价，其推广建立为生态损害追责制提供了重要考核依据。在领导干部离任时，对自然资源进行全面审计，一经发现就任期间存在生态环境质量显著下滑等相关情况，随即开启问责机制。

（二）环境损害的赔偿制度

环境损害赔偿制即企业和个人需对其违反法律法规所造成生态环境严重破

坏后果进行经济赔偿,相比行政处罚或刑事追责,环境损害赔偿制度所缴纳的金额主要用于所造成的生态环境损害的治理,在打击生态违法行为的同时更强调对所造成损害进行修复与弥补。环境损害赔偿相关规定散见于《环保法》之中,在制度的设计理念上虽已初步成型,但仍在实际操作层面缺乏系统性、具体化的政策法规支持,在意识到这一问题之后,党中央高度重视并在党的十八届三中全会明确提出对造成生态环境损害的责任者需严格实行赔偿制度。2015 年 11 月,中共中央办公厅、国务院办公厅印发了《生态环境损害赔偿制度改革试点方案》,开始正式建立环境损害赔偿制度。

2016 年 2 月,中共浙江省委办公厅印发《省委全面深化改革领导小组 2016 年工作要点》,要求"按照国家规定程序和要求,选取绍兴市开展生态环境损害赔偿制度改革试点,探索建立生态环境损害赔偿磋商、鉴定评估机制,完善相关诉讼规则,加强赔偿和修复的执行与监督"。2018 年 10 月,《浙江省生态环境损害赔偿制度改革实施方案》正式出台,进一步明确生态环境损害赔偿范围、责任主体、索赔主体、损害赔偿解决途径。该《方案》指出,生态环境损害赔偿范围包括清除污染费用、生态环境修复费用、生态环境修复期间服务功能的损失、生态环境功能永久性损害造成的损失、生态环境损害赔偿调查、鉴定评估等合理费用,以及法律法规规定用于生态环境损害修复的其他相关费用。索赔主体为浙江省政府及各市政府为本行政区域内生态环境损害赔偿权利人。跨市的生态环境损害,由省政府管辖。市域内的生态环境损害,由各市政府管辖。此外,该《方案》对浙江省下一阶段建立环境损害赔偿制度作出部署:2018 年,在全省试行生态环境损害赔偿制度;2019 年,建立健全生态环境损害鉴定评估、磋商、诉讼、修复、资金管理制度,开展生态环境损害赔偿探索与实践;2020 年,初步构建起责任明确、途径畅通、技术规范、保障有力、赔偿到位、修复有效的生态环境损害赔偿制度。

浙江省在环境损害赔偿制度探索中致力于破解两方难点,一是如何对生态破坏程度进行认定,二是如何保障索赔金额用于生态修复之中。

首先,浙江省在环境损害赔偿制建立过程中开展环境污染损害鉴定评估工作。早在 2014 年 9 月,绍兴市环保局成为全国第九个环境污染损害鉴定评估的试点单位,是当时全国 9 家试点单位中仅有的两家地市级环保部门之一。2016 年 1 月,成立绍兴市环境污染损害鉴定评估中心,主要负责从事环境污染损害司法鉴定评估试点工作,并成为浙江省高院对外委托机构中首家环境污染损害鉴定评估机构,专业的鉴定评估队伍与机制为实践中明晰生态赔偿程度奠定了技术基础,为绍兴市开展环境损害赔偿制度试点提供了有力的技术支撑。

　　其次,确保环境损害赔偿资金落到实处。《浙江省生态环境损害赔偿制度改革实施方案》中强调加强赔偿资金管理,赔偿义务人可选择自行修复或委托修复,若所造成的生态环境损害无法修复,所赔偿资金作为政府非税收入,全额上缴同级国库,纳入预算管理。赔偿权利人及其指定的部门或机构根据磋商或判决要求,结合本区域生态环境损害情况开展替代修复。生态环境损害赔偿资金主要用于损害结果发生地开展的生态环境修复、清除或控制污染等相关支出,以及鉴定评估、诉讼等费用支出。通过生态环境损害赔偿资金管理办法科学制定了生态环境损害赔偿金收缴、使用及管理机制,严格资金使用范围,保障损害赔偿工作有效推进。此外,绍兴市还在市生态环境局建立财政专户,实行专户存储、专账管理的模式,专款专用,统一核算。

　　再次,进一步发挥环境损害赔偿制度生态修复效应。除运用传统经济赔偿使社会个体违法损害生态环境行为受到警示与约束,浙江省创新生态环境替代性修复模式,鼓励生态破坏者以替代性修复的方式弥补对生态环境造成的损坏。如诸暨市在实践中采用建设生态环境修复公园作为生态环境损害替代性修复场地,为推进生态环境补偿工作取得实效探索出一条新路。作为环境损害赔偿试点的绍兴市则将这一理念以法律形式确定,《绍兴市关于建立生态环境司法修复机制的规定(试行)》中规定,涉及生态环境损害的刑事案件发生后,对不符合现场修复条件,且有替代性修复必要的,司法机关应引导、督促犯罪嫌疑人、被告人与负有监督管理职责的行政主管部门签订书面生态环境赔偿修复协议,依照协议对替代性修复项目的生态环境进行治理,努力恢复生态环境存量和容量,并对积极修复生态环境的犯罪嫌疑人、被告人依法酌情从轻处罚。通过经济处罚切实落实"谁污染,谁治理"原则,从而提高社会对生态环境保护的重视。

　　(三)各部门的联动协作机制

　　对生态环境违法损害抑制行为不仅有赖于各类制度模式的创新,更需要切实有力的执行落实机制予以配套支持。长期以来浙江省在生态建设上坚持铁腕风格,严格落实各项规定,打造全国最严环境执法省份,环境执法力度保持全国领先。尤其在 2016 年紧密围绕国家大气、水、土壤污染防治行动计划重大部署和浙江省"五水共治"重大举措,以服务保障重大活动环境质量和全面剿灭劣Ⅴ类水体为推动,深入开展环境保护法实施年活动等活动上,精准施策、精细化管理,执法力度再创新高,全面助推经济转型升级和环境质量改善。

　　为提高执法效率,浙江省环保系统整合组建了市场监管、生态环境保护、文化市场、交通运输、农业等五个领域执法队伍,依托机构改革形成"部门专业执法

＋综合行政执法＋联合执法"的行政执法体系。同时,转变省级部门执法职能,省级部门原则上不设专门的执法队伍;行政执法职能主要由市县两级承担,设区市和市辖区只设一个执法层级,强化市县行政执法职责。健全完善县乡行政执法统筹指挥机制,更大范围融合基层执法力量,在乡镇(街道)逐步实现一支队伍管执法。

此外,出于业务需要各级环保部门还与公检法系统实现紧密合作,成功建立跨部门联动协调机制。2012 年 4 月,《浙江省关于建立环保公安部门环境执法联动协作机制的意见》指出建立联席会议制度和案件会商制度,联席会议即各部门分管负责人和环境监察机构、公安治安机构以及各相关业务处(科)室负责人定期、不定期召开会议,分析研究解决环境执法难点问题,组织部署联动执法检查工作。会商制度则是针对重大环境违法犯罪案件由环保部门会同公安部门,并邀请检察院、法院、法制、安监等部门进行专案会商,确保案件依法办理,由此强化执法信息跨部门流通与贡献,以专业化执法化解疑难问题,推动环保执法工作不断深化。同年 5 月,在该《意见》指导下全省各地建立设立公安驻环保工作联络室,开展经常性的信息交流。2013 年 12 月,宁波市成立了全省首个专门打击环境犯罪的部门——宁波市公安局环境犯罪侦查支队,与环保部门建立健全了分级办案、案件督办、联合调查、联合宣传 4 项制度,完善了联席会议、公安驻环保联络室两项机制,并与环保部门形成联勤协作、联动打击、联合办案的"三联"执法模式。

2014 年,浙江省环保厅、省公安厅、省人民检察院、省高级人民法院联合下发了《关于建立打击环境违法犯罪协作机制的意见》,正式提出全省各级环保部门、公安机关、人民检察院、人民法院要加强协作、形成合力,并明确了协作具体措施和职责分配:环保部门若发现涉嫌违反治安管理规定的环境违法行为,应及时通报公安机关并移送有关证据材料;发现明显涉嫌环境犯罪的线索时,应及时书面通报公安机关并做好现场保护和证据保存。对涉嫌环境犯罪的案件,应向公安机关移送,同时将案件材料抄送检察院。同时,环保部门对线索通报和案件移送要建立责任制,对公安机关自行发现案件线索并立案侦办的涉嫌环境犯罪的案件,省级环保部门要组织人员进行稽查。公安机关负责对涉嫌环境违法、阻碍公务等违法犯罪行为进行查处侦办打击,必要时应提前介入。对环保部门移送的环境违法案件,应及时办理接收手续,依法调查并作出处理决定,结案后将处理情况反馈环保部门。对涉嫌环境犯罪的,在环保部门通报线索或移送案件后,要及时组织人员开展调查,对案件材料进行受理审查,对符合立案条件的,要及时立案侦办。人民检察院负责涉嫌环境污染犯罪案件的审查逮捕、审查起诉和法律监督工作。对疑难复杂的重大案件,可提前介入,引导侦查取证。对犯罪事实清楚、证据确实充分的案件,依法提起公诉。人民法院对人民检察院移送起诉的环境污染犯罪案件,依法审理并作出裁判,并将结果告知环保部门和公安机关。对免于刑事处罚或无罪判决但可能需要追究行政责任的环境违法行为,由环保部门依法查处。环保部门对违法排污单位(个人)作出行政处罚,被执行人拒绝执行的,应申请人民法院强制执行。经审查后符合条件的,人民法院要及时强制执行。

2017 年,环保部、公安部和最高检联合研究印发了《环境保护行政执法与刑事司法衔接工作办法》,强调环保部门、公安机关、人民检察院应当建立双向案件咨询制度。环保部门对重大疑难复杂案件,可以就刑事案件立案追诉标准、证据的固定和保全等问题咨询公安机关、人民检察院;公安机关、人民检察院可以就案件办理中的专业性问题咨询环保部门。受咨询的机关应当认真研究,及时答复;书面咨询的,应当在 7 日内书面答复。同时,提出依托"12369"环保举报热线和"110"报警服务平台,建立完善接处警的快速响应和联合调查机制,强化对打击涉嫌环境犯罪的联勤联动。在办案过程中,环保部门、公安机关应当依法及时启动相应的调查程序,分工协作,防止证据灭失。该《办法》提出,公安"110"报警平台也可受理环保举报,环保部门、公安机关和人民检察院应当适时对重大案件进行联合挂牌督办。这一规定意味着,三部门联合挂牌督办环境违法案件成为常态化。此外,该《办法》着重强调进一步完善信息共享机制,依托移动办公系统,实时共享环境违法信息。各级环保部门、公安机关、人民检察院应当积极建设、规范使用行政执法与刑事司法衔接信息共享平台,逐步实现涉嫌环境犯罪案件的网上移送、网上受理和网上监督。

四、多元投入型制度

生态文明建设负重涉远,需要全社会的积极参与和共同努力,政府是生态文明建设不可或缺的主要参与者,但不应是唯一参与者,通过制度设计与政策引导鼓励生产者及社会各成员积极投入生态文明建设,吸纳社会资本,拓宽融资渠道,形成政府与社会共同驱动的多元投入机制。

(一)创新财税政策与基本财力的增长机制

改革开放以来,浙江民营经济不断发展,积累了雄厚的社会资本,引导和鼓励社会力量参与生态文明建设无疑具有强大的发展潜力。立足于省情,浙江省政府不断推出各类财政优惠政策,将生态建设与经济发展紧密融合,提供投资的机会。2003年,率先推出对都市农业园区项目一次性给予20万～30万元补助的优惠政策,促使林业经济迅速升温,成为该阶段投资新热点,财政支出为社会资本投资提供了更多的方向。在生态建设中,财政投入还倾向于承担各类规模大、回报周期长、排他性弱的项目,为社会私人投资与产业发展提供了一系列基础性公共服务与设施配置,从而削弱了交易成本优化营商环境,提高投资吸引力。以湖州安吉美丽乡村建设为例,多年以来,安吉县乡两级财政共投入约3000万元用于基础设施改善,投入资金约20亿元形成村民的股本、乡村的基础设施或者村集体资产等,截至2018年已吸引了达78.73亿元的社会投资额,撬动了180亿元以上的社会资本投入[①],而大量社会资本的投入,促进了乡村经营业态的发展,也为生态环境基础建设与当地绿色产业发展提供了坚实的资本支持。财政资金生态投入极大引导社会资本参与,发挥财政杠杆效应,充分释放政策红利。

2017年,为发挥财政机制的激励与约束效应,浙江正式建立生态财政奖补机制,依托多方面指标对项目进行生态考核评定,落实奖惩措施,引导地方加强生态环境保护意识,囊括生态治理的多方面,如主要污染物排放财政收费制度、实施单位生产总值能耗、出境水水质、森林质量财政奖惩制度等。在核定奖惩措施的指标中,浙江首创"绿色指数"这一指标体系,综合区域内的林业、水质、大气等生态情况进行数值化评定,指数愈高意味着生态防护效果愈好,即可获得更多的生态补助金,将可视化指标与省域财政转移支付挂钩,促进资金分配更加高效合理、公开透明的同时进一步强化了制度激励。仅2017年一年,浙江省财政对47个市县奖励9300万元,对17个市县扣罚资金9160万元,与之相对应的是资源使用效率显著提升,浙江全省万元GDP能耗同比下降3.7%[②]。

此外,浙江省建立并强化生态环境保护专项资金投入。所谓生态环境保护专项资金是指由省级财政预算安排的,用于支持全省污染防治和生态保护修复等作用的专项转移支付资金。浙江省生态环境保护专项资金由财政部门和生态环境主管部门共同管理,财政厅负责审核、提供分配建议方案,编制专项资金预算并下达,指导地方加强资金管理等工作。各市县财政、生态环境部门根据专项资金支持范围,具体负责专项资金的使用安排、监督检查、绩效管理、项目储备、

---

① 聚资180亿! 社会资本恋上生态竹乡[EB/OL]. http://huzhou. zjol. com. cn/ch21/system/
2018/04/25/030852894. shtml. 2018-4-26.

② 倒逼节能降耗浙江17个市县被扣罚资金9160万元[EB/OL]. http://www. xinhuanet. com/
energy/2018-04/15/c_1122683385. htm. 2018-4-15.

信息公开等工作,在专项资金的具体使用过程中,遵循"突出重点、强化引导,奖补结合、精准施策,公开透明、注重绩效"原则。据统计,仅在 2004—2009 年期间,浙江省财政共安排生态环保专项资金累计高达 157 亿元,安排生态环保财力转移支付资金 26 亿元。根据 2020 年度预算安排显示,2020 年度省环保专项资金共计 11.875 亿元,其中按照"因素法"分配资金共计 9.875 亿元,分别为:生态保护因素 9345 万元、污染防治因素 67605.9 万元、监管能力建设因素 12959.4 万元、绩效因素 5840 万元、地区财力因素 3000 万元[①]。

(二)探索建设绿色金融体系

绿色金融是指为支持环境改善、应对气候变化和促进资源节约高效利用而开展的经济活动,即为环保、节能、清洁能源、绿色交通、绿色建筑等领域的项目提供投融资、项目运营、风险管理等相关金融服务。浙江省是全国较早推动绿色金融创新发展的省份,也是首个申报全国绿色金融改革创新试验区的省份。2014 年在全省各地区域金融改革创新积极推进之时,浙江省政府选取了湖州市与衢州市作为本省绿色金融创新试点。2016 年初,省政府率先正式向国务院申报了绿色金融创新试验区建设总体方案。申报之后,湖州市和衢州市在中国人民银行的指导下,分别编制了"十三五"绿色金融发展规划。

在确立绿色金融发展规划的基础上,湖衢两地政府不断致力于绿色金融发展探索。湖州侧重发挥绿色金融各部门协同管理优势,出台"绿色金融 25 条"政策,建立绿色金融体系的基本实践规范,市人民银行将绿色信贷业绩纳入宏观审慎评估之中,市银监分局建立银行监管机制,利用三重抓手从宏观视角建立了绿色金融基本管理体系与行业规范,合力推进绿色金融改革创新。在具体制度设计上,依据金融业务的差异也制定出不同的规划方案,如绿色金融统计制度、绿色银行评级体系、绿色专营机构评价办法和绿色项目指引目录等。衢州市则着力绿色信贷业务开发,建立了绿色信贷风险补偿机制和保费补贴机制,指导银行机构开展"四专机制"建设,即建立专营机构团队,提升专业化服务质量,将 25% 的新增信贷规模专项用于绿色信贷,加大对绿色产业的支持力度,并加强在司法等方面的保障,助推绿色金融发展。未来五年两地还将深入推进绿色金融体系标准化研究工作,探索出可供推广复制的模式道路。

2017 年浙江被选作全国绿色金融改革创新试验区,加大金融对改善生态环

---

① 2020 年省环境保护专项资金分配情况的测算说明[EB/OL]. http://www.zjepb.gov.cn/art/2019/11/6/art_1201345_39823336.html.

境、资源节约高效利用等的支持,按照"边申报、边试验"原则,大胆探索,积极构建绿色金融体系,积累了大量有益经验。2018年浙江省出台了《推进湖州市、衢州市绿色金融改革创新试验区建设行动计划》,明确了未来5年的工作任务、主要目标和责任单位,在该《计划》指导下逐步形成了以下几种制度特色:

1. 实施绿色金融清单制管理

绿色金融清单管理制即将符合绿色金融生态标准的金融项目、产品、服务及相关财务政策以清单形式明确标示,为投资者提供直观高效的事前指引服务,根据所涉及的项目类别可分为以下几种:绿色项目清单、财政政策清单以及金融产品和服务清单。绿色项目清单在明确绿色经济生产标准的基础上,列举未来五年准备实施绿色项目,将绿色项目作为金融投资项目指南,突出强调环保、节能、循环经济、清洁能源、绿色交通、绿色制造等投资领域,以绿色发展新模式、新业态促进资本要素向绿色项目流动。财政政策清单的内容主要集中于对绿色产业基金、绿色信贷、绿色债券、绿色保险、绿色担保等方面的财政支持措施,对绩效明显、率先出成果、出模式的地区予以政策倾斜。金融产品和服务清单梳理了银行、证券、保险、基金、融资性担保、融资租赁、智慧支付等方面的第一批绿色金融产品和服务,加强绿色产业、绿色项目的金融需求与绿色金融产品和服务供给的对接,提高金融机构服务绿色发展的精准性,推动"最多跑一次"在金融部门落实。"三张清单"的推出明确了两地绿色金融开展的具体运行机制,保障了政策落实的透明化、规划化。

2. 制定绿色金融标准体系

为推动传统产业实现绿色转型升级,2017年以来,衢州先后建立起绿色金融标准体系,即绿色企业标准、绿色项目标准、绿色信贷统计标准和地方法人机构绿色银行体系标准。以其为基础,形成绿色项目、绿色企业评价方法,对金融项目进行绿色测评,依据测评结果引导社会资本流动,以此激励传统产业转型升级。以绿色项目标准为例,其涵盖了包括政策符合性、环境改善性、环境影响性、行业先进性在内的4项一级指标。一级指标下设10个二级指标,共包括省级政策属性、地方政策属性、资源节约、环境效益、产生的水体污染物、产生的大气污染物、产生的固体废弃物、产品特性、资源能源消耗、污染物排放。对全市绿色项目建立精准、有融资需求的项目库,筛选绿色项目56个,总投资240.51亿元。通过绿色金融标准体系建立,促使更多金融资源向绿色产业聚集。

3. 加快绿色金融产品创新

创新绿色金融产品和服务,以金融引导产业向绿色发展,是浙江未来绿色金融的发展方向。浙江在树立绿色金融理念、建立绿色金融机制的基础上进一步创新绿色金融产品,主动探索形成绿色金融的新模式,一方面大力推动无形资产、环境权益类和应收账款质押贷款、无缝续贷、投贷联动、债转股、债股结合等绿色信贷产品创新。如 2018 年提出抵质押融资创新,推动碳排放权、排污权、水权、林权、节能环保项目特许经营权、PPP 项目收益权、绿色工程项目收费权和收益权等成为合格抵质押物,推出"光能贷""富竹贷"等一批绿色信贷产品,降低业务办理的合规风险。同时,积极推广安全生产和环境污染综合责任保险、生猪保险与无害化处理联动机制、电动自行车综合保险等绿色保险创新做法,建立"保险＋过程管理"的保险综合服务新机制,实现化工企业安全生产全流程的科学管控。据统计,2018 年衢州绿色产品创新数量同比增长高达 246%,创新发展投贷联动等业务和绿色消费、科技研发、生态农业等领域的绿色信贷产品。

另一方面,鼓励绿色企业通过发债、上市等方式进行直接融资,2015 年浙江嘉化能源化工股份有限公司发行的企业债在上海证券交易所挂牌上市,标志着全国第一例在交易所公开发行的绿色公司债券正式诞生。2016 年浙江稠州商业银行被衢州市委、市政府确定为唯一一家发债主体,承接衢州绿色金融债发行任务。浙江稠州商业银行负责在绿色金融债募集资金到位后,以接近募集债综合成本的价格支持对应项目,对前期已经完成筛选的绿色项目予以政策倾斜。

第三节　浙江省生态文明制度建设的经验启迪

从世纪之交走来,浙江的环境保护与生态治理从实践到认识都发生了历史性、转折性、全局性的变革。浙江在生态文明建设中始终秉持先试先行的探索理念,在工业化与城市化快速推进的历史大势下,积极探索生态跨越发展之路,开创了众多制度先河,积累了丰富实践经验,为探索当代生态文明制度建设提供了独特的区域性路径样本,鲜明的时代表征与道路选择,赋予了浙江生态文明制度建设一定的普适性与参考性,将其进行深刻总结,对全面推进生态文明建设具有较强的借鉴意义。

一、基于"绿水青山就是金山银山"理念的落实

"绿水青山就是金山银山"理念是习近平新时代生态文明建设思想的重要基石,早在习近平同志主政浙江之时便以建设"绿色浙江"为载体,大力推动浙江可持续发展战略。2005 年 8 月,时任浙江省委书记的习近平同志到湖州安吉县余村考察时首次提出"绿水青山就是金山银山"理念:"我们过去讲,既要绿水青山,

又要金山银山。其实,绿水青山就是金山银山"。"绿水青山就是金山银山"中的"绿水青山"意指良好的生态环境与资源优势,"金山银山"指代经济效益,习近平同志以"绿水青山"与"金山银山"为拟,表明了二者之间的辩证关系,创造性地回答了社会主义发展过程中生态建设与经济增长二者之间的取舍之困。时隔9天后,习近平同志以"哲欣"的笔名,在《浙江日报》上发表了评论文章《绿水青山也是金山银山》,系统阐明如何将生态环境优势转化为生态农业、生态工业、生态旅游等生态经济优势,使绿水青山转化为金山银山。

浙江省是"绿水青山就是金山银山"理念的阐发地,也是坚决的践行地,新世纪之初伴随物质财富空前增长,失序失范的经济活动导致生态问题日渐突出,资源肆意攫取、环境污染频发,蓬勃发展的现代化进程逐渐笼罩在生态环境恶化的阴霾之中。"绿水青山就是金山银山"理念的提出阐明了生态建设与经济增长之间共生共进的辩证关系,促使生态建设与生态经济思维转换与突破,一以贯之。

既要绿水青山,也要金山银山。长期以来,在区域治理中常存在这样的误区,即认为生态建设与经济建设是相异相悖的两种价值取向,无法在具体实践中实现兼容并施,"绿水青山就是金山银山"理念旗帜鲜明地反驳了这种错误认知,要求实现生态保护与经济发展双效兼顾,更好地满足社会主义现代化发展需要。自然环境是人类社会生存与发展的基础,日益严峻的生态危机逐步威胁生产生活正常进行与人民群众生命健康,脱离良好的自然环境空谈经济发展犹如舍本逐末;与之相对的,抛开经济建设追求环境治理则心余力绌,杯水车薪,无法从根源上真正遏制环境恶化趋势,难以支撑起生态治理的整体建设。因此,经济发展与生态建设本质上是相辅相成、不可或缺的辩证统一关系,在追求经济增长过程中必须将生态建设放在突出位置。浙江省上至顶层设计,下至环境执法落实,对绿色发展的追求一以贯之,从绿色浙江到生态省建设,从全国生态文明示范区到大力发展美丽浙江,创造美好生活,浙江省始终坚持生产发展、生活富裕、生态良好的绿色发展道路,一方面重拳打击环境污染与生态破坏,加强环境治理力度,另一方面大力推进绿色经济发展,转变经济发展新动能。以丰富的实践尝试、完善的制度体系实现可持续发展,促进人与自然和谐共生。

宁要绿水青山,不要金山银山。生态建设与经济增长在本质上唇齿相依,但在具体实践中由于各类因素影响难免面临一定的权衡取舍,"绿水青山就是金山银山"理念强调在必要时宁可舍弃一时的经济增长也要维护好关系人类发展根本利益的生态环境。我国是现代化建设的后发国家,见证了欧美发达国家过去片面追求经济利益忽视环境效益的血泪教训,环境保护的重要性不仅在于其关乎人类生存与发展的方方面面,是所有生物赖以生存的物质根基,更在于自然资源的稀缺性、不可替代性与生态系统损害的不可逆性,每一次环境损害行为都可能诱发不可估量的严重后果,甚至付出巨大的代价后仍旧无法修复,因此生态建设与经济建设相比更显迫切与艰巨,保护自然环境任重道远。浙江省是全国最早探索生态文明建设的省份之一,在环境保护问题上慎终如始,久久为功,重视事前、事中、事后各阶段治理,严厉打击与遏制破坏生态的行为,杜绝盲目追求发展而走上的先污染后治理的老路。

绿水青山就是金山银山。"绿水青山就是金山银山"理念的核心与根本落脚点在于经济发展与环境保护的和谐统一,这种统一最为直观地体现在认识到自然环境是经济发展的一种生产力,改善绿水青山就是发展生产力。生态系统中所蕴含的各类资源是经济生产活动的要素基础,资源有价,可以转换为物质财富,获得经济效益。与此同时,良好的生态环境可以带来丰富的效用,依赖于绿色发展模式合理开发将生态保护与经济建设统一于绿色发展之中,将自然资源与生态环境转为经济增长新热点。浙江省不断完善自然资源经济衡量体系,明晰自然资源权属和核定标准,确保资源开发者和守护者获得合理经济补偿。同时,从项目准入、考核问责、要素配置到产业转型、金融支持,浙江省构建了一整套覆盖全产业链的绿色发展政策体系,并通过财政政策引导社会资本投入开发,利用生态资源优势,培育和发展新的生态环保产业、可再生能源产业、高效集约型产业等生态友好型产业,创造新的经济增长点,推动全省经济实现高质量、可持续发展。

党的十八大以来,"绿水青山就是金山银山"理念不断丰富完善,写入了党的十九大报告及党章,成为习近平新时代中国特色社会主义思想的重要组成部分,指引我国不懈探索人与自然和谐共生的现代化建设路径。在"绿水青山就是金山银山"理念的勾勒下,浙江生态文明建设理念不断深化、机制愈发完善,形成了以"护美绿水青山、做大金山银山、厚植生态文化、建立生态制度"为主要内容和标志的"绿水青山就是金山银山"实践模式,作为全国践行"绿水青山就是金山银山"理念的缩影,浙江生态文明建设生动诠释了如何协调社会经济发展与区域生态环境之间关系这一重大现实课题的破题之道。

二、基于以人民为中心价值理念的坚守

党的十九大报告指出:"明确新时代我国社会主要矛盾是人民日益增长的美好生活需要和不平衡不充分的发展之间的矛盾,必须坚持以人民为中心的发展

思想,不断促进人的全面发展、全体人民共同富裕"①。坚持以人民为中心思想是中国共产党始终秉持的政治立场和价值取向,也是生态文明建设的根本要义。在绿色发展中,人民群众是最终受益者和评判者,也是直接参与者与创建者,浙江生态文明制度建设充分彰显了环境保护与生态治理为了人民,依靠人民,发展成果由人民共享。

保护生态环境是中国共产党人为中国人民谋幸福、为中华民族谋复兴初心和使命的赓续与坚守。历史已经证明,新中国成立 70 载以来,中国共产党不忘初心,牢记使命,坚持以人民为中心,实现了中国从站起来、富起来到强起来的巨大跨越,以人民为中心是我国一切国家制度和治理体系最鲜明的政治底色和价值旨归。改革开放以来,伴随经济不断发展,浙江人民生活水平日益提高,物质文化需要与社会生产之间的矛盾日渐趋缓,对于美好生活需要愈发广泛,对于良好生态环境的渴望逐渐凸显。日益增多的环境污染与生态破坏群体性事件警示着生态环境的质量直接关乎人民群众的生存安全与生命健康,绿水青山不仅是金山银山,也是人民群众健康的重要保障。在生态文明制度建设过程中,浙江将"人民"贯穿发展始终,把实现好、维护好、发展好最广大人民根本利益作为一切工作的出发点和落脚点,维护好生态环境这一最普惠的民生福祉,以解决损害群众健康突出环境问题为重点,不断满足人民日益增长的优美生态环境需要,回应人民群众所想、所盼、所急,大力推进生态文明建设。

生态文明建设坚持以人民为中心的践行机制,积极发挥人民群众主体地位。人民群众是历史的创造者,积极调动人民群众的参与实践是不断探索突破与发展的强大根基。生态建设要将蓝图变成现实必须尊重人民群众的首创精神,相信和依靠人民群众的力量。习近平同志指出:"每个人都是生态环境的保护者、建设者、受益者,没有哪个人是旁观者、局外人、批评家,谁也不能只说不做、置身事外"②。浙江生态文明制度建设充分尊重人民所表达的意愿、所创造的经验、所拥有的权利、所发挥的作用,尊重人民的知情权、参与权、决策权,在重大项目推进中,深入基层,深入群众,聆听了解大众需要与呼声,确保每一项制度的提出与落地都具备民意基础、群众支持。与此同时,通过各类宣传与教育活动树立全体公民生态保护意识,使人民群众自觉成为生态文明建设的参与者,调动各方积极性,先试先行推动模式机制创新,探索多元化发展道路,不断汲取人民群众智

---

① 习近平.决胜全面建成小康社会夺取新时代中国特色社会主义伟大胜利——在中国共产党第十九届全国代表大会上的报告[M].北京:人民出版社,2017:19.

② 习近平.推动我国生态文明建设迈上新台阶[J].求是,2019(3).

慧。浙江在生态文明制度建设中强调调动社会全体成员积极性,使人民群众成为生态破坏行为的自觉监督者、履行者,运用财政政策激励社会资本投资发展绿色产业,通过志愿者招募形式组织群众参与河长制、林长制等生态保护行动,身体力行贡献自身力量,最大限度地激发人民群众的热情与智慧。浙江生态文明建设经验有力昭示,基层群众蕴藏着无穷的创造力和巨大的积极性,必须充分尊重人民群众的首创精神,在试点过程中总结、发展、推广典型案例,辐射全局,推动制度机制创新。

　　生态文明建设坚持以人民为中心的核心诉求,让绿色发展成果更多更公平惠及全体人民。国家建设是全体人民共同的事业,国家发展过程也是全体人民共享成果的过程,生态环境是最公平的公共物品,每一生存主体都享有平等的生存需要、发展需要和享受需要,清洁的大气、水资源、土地等各类环境要素使每一生存主体共同获益。浙江省在生态治理过程中,大力推动各类水环境、湿地等各类生态系统治理,保护资源合理开发,致力于为人民群众提供更多更优质的生态产品,使人民群众共享绿色发展红利。通过强制性法规约束,建立完善生态环境保护机制,以最严格的制度、最严密的法治保护生态环境,避免个别行为主体以牺牲损害社会公民整体利益为代价盲目追求个人眼前利益,切实保障人民群众的生态环境权益,明晰自然资源权属范围,加快确权工作进展。鼓励人民群众积极履行保护生态环境义务的同时,必须依法切实保障人民群众在生态环境事务上的知情权、参与权、监督权等权益,进一步完善生态权利维权渠道与制度,坚决遏制损害公众社会生态环境权益的一切行为。此外,生态治理模式创新过程中,生态建设的主体不仅可以获得自然环境改善的回馈,还可以获得各类政策补偿,切实感受生态建设所带来的回馈。同时,通过绿色生态建设创新区域平衡发展机制,加大对贫困地区的财政转移支付力度,大力支持生态扶贫,在生态良好的基础上实现共同富裕,在共同富裕中走向人与自然和谐共生。

三、基于社会主义市场机制的驱动

　　市场机制即通过自由竞争或自由交换等方式进行使各类资源得到合理配置的一种手段,改革开放以来,我国突破性地将社会主义制度与市场经济运行机制相结合,逐步确立了社会主义市场经济体制,并将其作为我国的基本经济制度。社会主义市场机制的发展使我国经济实力、综合国力得到了前所未有的提升,极大地推进了我国的社会主义现代化建设,在世界范围内创造了后发国家迅猛发展的经济奇迹。与此同时,经济的高速发展伴随资源的急剧消耗,20世纪末,商品与服务市场迅速发展,一方面,经济发展对包括自然资源在内的生产要素产生了大量的需求,而自然资源仍处于政府计划调控之中,在价格、供给量、分配方式上仍呈现出滞后效应与配给失衡;另一方面,消费带动生产,刺激大量资本投入各类生产之中,在寻求自身利润最大化的驱动之下,部分生产者无度掠夺自然资源,破坏原有的生态环境,甚至造成了严重的生态危机。与经济发展所呈现出的参与主体激增、行为盲目狂热相对应的是,生态治理上主体单一性、治理被动性,生态环境与资源很大程度上属于公共利益,私人生产者往往由于个人利益最大化忽视公共利益,引发"公地悲剧",政府作为社会治理的主体,承担着维护公共利益的天然职责,由此形成了企业污染、政府买单的结果。这种生态治理模式的弊端不仅在于政府承担着巨额治理成本,相对市场中广大分散的生产者所形成的生态破坏,缺乏可持续的后劲,更在于其本质上是一种被动治理手段,未从根源上化解企业破坏生态的动机并形成一定的约束,治理速度远远未能赶超污染速度,因此解决这一困境出路并非消极地维持治理平衡,而在于使污染者认识到自身实践活动的后果并承担这一责任。市场机制所释放资本逐利本性带来了诸多生态乱象,仅仅依靠行政管理已无法对其进行约束,在这一情形下,浙江省尝试将社会主义市场机制引入生态治理领域,转"堵"为"疏",为生态建设注入了源源不断的动力。

社会主义市场机制既保有市场机制运行的一般性原则又具有社会主义制度的基本特征,是建立在社会主义公有制为主基础上的、为全体社会成员谋福利的资源配置方式,正因为此,使社会主义条件下市场经济的发展和生态经济的发展具有统一性与兼容性。将市场机制引入生态建设领域,主要体现在以下几个方面:其一,提高资源配置效率。一方面,在市场机制下各类资源可以在全社会范围内自由流动,寻求效益最高的投入项目,将有限资源分配至最能适应社会急需的产出之上。另一方面,对生产者而言,可以寻求生产要素的最优组合,在生产过程中对资源开发利用与生产要素之间的配置优化,实现资源合理的、充分的、节约的利用,获得较高的资源利用效率。其二,在社会主义市场机制的驱动下环境治理成本实现私人化、内部化,生产主体承担自身行为所带来的环境成本,将生态效益纳入经济决策考量,真正实现"谁污染,谁买单"的治理原则,形成生态保护与经济利益协调一致的动力机制。其三,促使生产者自发提高自然资源利用率与转化率,对于生产者而言,倾向以最低投入换取最高利润,市场机制使得换取或交易自然资源具有更切实直观的成本,并加剧了各环节的竞争关系,促使企业提高生产效率,从原先的粗放式生产转向集约化生产,对于整个社会而言,实现以更少的环境成本获取更多的经济效益的目标。

与此同时,生态文明建设关系着人民群众的切身利益,必须体现社会主义的基本原则,防止盲目性、逐利性等市场失灵现象发生。在生态治理过程中,政府是主要组织者和监管者,始终是人民利益最坚实的捍卫者与治理的主导力量,给予环境保护以政策引导、经济支持、制度保障。首先,在具体实践过程中,政府负有明晰自然资源权属,为市场机制奠定前提基础的责任。现代制度经济学认为,明晰产权是交易的前提,自然资源与生态环境作为公共产品之所以出现"公地悲剧"主要原因在于权利主体虚置与权属残缺,公众缺乏自发保护的动力与激励。因此政府需基于公平原则对自然资源进行初始配置,保障权利与责任的切实落实,为市场机制的开展奠定基础。其次,通过政策引导与制度确立培育生态市场体系。生态市场体系并非自发形成,有赖于政府的推广与引导,政府运用政策优惠、财政投入、金融杠杆、产业规划等工具手段,吸引大量社会资本向生态建设中聚集。再次,政府承担着公共服务与市场监管职能。浙江省政府通过不断完善各类制度举措,提供市场机制运作的各类公共服务,并保有第三方监督者立场,规范市场机制运行,有效抑制市场自发、盲目所导致的资源错配失衡与逐利带来的过度开发等弊端。

生态建设领域社会主义市场机制的引入,旨在发挥政府调控与市场调节的双重作用,实现环境保护市场化,从而形成长期稳定的社会可持续发展道路。从各类制度设计的缘起来看,浙江省并非首个将社会主义市场经济机制运用于生态文明建设的省份,但以制度设计完善性、贯彻性而言,浙江省生态文明建设模式突出了这一机制,并将其融会贯通,使社会主义市场机制成为生态环境建设浙江模式中不可忽视的重要要素。浙江省是我国社会主义商品经济重要发源地,市场机制发展较为完善,民营资本数量众多且基础雄厚,对市场调节手段的认同与熟悉为生态市场机制开展奠定了社会基础。在数十年的生态建设探索中,浙江省逐渐形成以政府为主配置资源转向由市场为主,充分发挥市场在自然资源、环境资源配置中的决定性作用,在绿色发展中积极利用资本的市场化作用,将生态环境资源推向市场;建立了一系列产权制度包括林权制度、水权制度、排污权、碳权制度等,强化自然资源权属观念,保障权利切实落实与交易的顺利开展;在加强财政投入的基础上引导社会资本完善生态补偿制度,推进生态修复空间的可持续性,降低生态修复的成本;引导社会资本参与生态环境保护,创新绿色金融产品和服务,以金融引导产业向绿色发展,激发资本在生态治理中的市场活力。通过多年实践,浙江在生态保护社会主义市场经济机制大获成功,有效激活了资本的生态活力,有力促进了美丽浙江建设,引领地方绿色发展实践。

四、基于扁平化管理体制的保障

扁平化管理体制所赋予的制度势能是浙江省生态文明建设的外生性动因。所谓扁平化管理即通过组织层级的削减使信息传递的范围得以增加,运用分权式管理调动基层的创造性、积极性实现降低管理成本、提高管理效率的一种管理方式。浙江省扁平化的管理体制肇始于财政"省管县"模式。1953 年,浙江省根据中央取消大区一级财政,增设市(县)一级财政的决定,建立了市、县级财政,二者同等隶属于省级财政,这一体制一直沿用至今,甚至在 1984 年全国"市管县"改革中也未曾改变,延续了"市县分灶吃饭、各自对省负责"的管理传统。20 世纪 90 年代后,浙江省继续贯彻这一方向深化"省直管县"财政体制改革,并开始将"省管县"模式逐步推广至行政体制改革之中。1992 年浙江省出台了扩大萧山、余杭、鄞县、慈溪等地县(市)部分经济管理权限的政策,先后于 1992 年、1996 年、2002 年、2007 年、2008 年开展了 5 轮"扩权"改革,在这一过程中事权逐步下放,县级政府在经济和社会事务上的管理权限日益增强,为县域经济的发展注入了强大动力。2009 年,中共中央组织部发布的《关于加强县委书记队伍建设的若干规定》明确指出,县委书记的选拔任用,应按程序报经省级党委常委会议审议,这是县委书记选拔任用程序的重大调整,形成了财权、事权、人事任免权三位一体的省管县制度格局。在具体权责分配上,县级财政部门可就财政预决算、资金调度、债务管理、财政转移支付、专项资金补助等事务直接向省级财政对接;县级政府则取得包括项目申报、经费划拨、用地报批、证照发放、政策享有、税权扩大等在内的经济管理权限及出入境、户籍、车辆管理、证照发放等社会管理能力下放。省管县体制的不断完善,避免了市级政府在经济资源分配上的截留,使得县域党政机构由此掌握更多的利益分配权,调动了县级机构的行政管理的积极性和主动性。此外,"省管县"模式激发了县域经济活力。省管县制度实行以来,在全国"百强县"排行榜上近 1/3 隶属浙江,甚至创造了农民人均纯收入连续 20 年排名全国各省区之首的纪录。

省管县模式进一步带动了浙江省行政管理体系的扁平化发展,为之后浙江省主体功能区建设奠定了重要的制度基础。进入新时代后,区域经济一体化中各行政区之间的冲突与竞争日趋激烈,区域经济辐射能力的提高要求行政区划的整合相协调,以更大的力量统筹分散的区域发展,在这一基础上浙江省立足省情与发展需要,对全省空间进行统筹规划,在生态建设层面上弱化传统行政区划基于环境承载力、现有开发密度及未来开发潜力等生态指标划分区域体量更大、生态功能与治理路径各异的主体功能区。2013 年,浙江省政府印发《浙江省主体功能区规划》,正式提出全省功能区划方案,明确了优化开发区域、重点开发区域、生态经济地区、重点生态功能区、农产品主产区和禁止开发区域等 6 大类主体功能区。以主体功能区规划为指导,科学谋划"人、地、水、城、产"的布局,推动全省各地差别化发展,创新生产生活生态融合、人口资源环境相协调的探索实践。对开发类的主体功能区,其主要任务是促进先进制造业向产业集聚区集聚、现代服务业向中心城市集聚、农村人口向县城和中心镇转移集聚;对保护类主体功能区,重点是搞好生态功能区建设。在全省范围内进行分类规划,直接指导,确保了政策执行过程中的完整性与落实,打破了原有层级所形成壁垒与约束,极大程度上提高了管理制度效能,同时科学调控合理整合也使政府减少了程序繁多牵涉机构冗杂所带来的执行成本。

2019 年 11 月,中共浙江省委通过《中共浙江省委关于认真学习贯彻党的十九届四中全会精神高水平推进省域治理现代化的决定》,强调"探索推行扁平化的行政管理体制,完善省管县体制机制,提高中心城市统筹资源配置能力,有序稳妥推动中心城市行政区划调整,开展嘉兴强化市域统筹、推进市域一体化改革试点",标志着浙江省在新时期将继续沿袭行政体制扁平化方向进行新一轮改革。生态文明建设作为政府治理的重要方面,其政策设计需要强有力的制度体系得已保障与落实,扁平化体制实质上平衡了政策具体落实中权利过于分化的问题,通过各类要素的合理整合,避免了部门之间缺乏协调、权利制衡等自我管理困境,从而有效提高行政效率,同时通过放权扩权刺激,缩小参与主体数量,有效刺激其积极性创造性。

此外,扁平化制度管理呈现出的基层探索、全局统筹、权利下放等特征对浙江省生态文明建设带来了诸多启示。纵向行政层级的精简加快了信息传递的准确性与流动效率,省级统筹管理能力大幅提升,基层政府则突破原有的层级束缚,以提供更为全面稳定的社会服务,激发了基层主体创造性。在众多制度改革中,各类权限的逐步下放使基层政府主体功能愈发凸显,往往能够敏锐察觉机制创新并加以推广,具有较强的主动创造性,在制度创新中扮演着重要角色,如水权制、排污权有偿交易制、生态补偿制等浙江省首创的生态治理机制都源于县级基层政府的探索与试点。在绝大多数情况下,县级试点直接对省级政府负责,促使省级政府及时了解制度创新进展与具体落实情况,并依据发展需要直接给予相应经济、政策支援,加速了试点改革与推广进程。

回望来时路,是为了未来走得更远、更好。浙江生态文明制度建设的实践充分证明,生态制度建设的创新与完善是生态文明建设的根本保障。浙江省以理念为先、制度为纲、实践为本,坚定不移践行"绿水青山就是金山银山"理念,生态文明建设始终走在全国前列，积累了理念先行、全域保护、综合整治、绿色发展、长效管理等宝贵经验和做法，不断创新思路、不断探索实践路径，加强制度建设，在推进生态文明建设的过程中不断取得新的突破，丰富和发展中国特色社会主义生态文明建设提供更多的浙江案例、浙江样本。

第四章　生态文明制度建设的国际互动

生态危机是全世界共同面临的普遍性问题,其治理方案及其制度建构也带有一定的国际意义,需要通过各国的互动交流,形成应对生态问题的巨大合力。其中,西方资本主义国家作为工业文明的最早发轫地,在带来经济发展的物质成果的同时,也最早遭受了生态危机的严重冲击,倒逼其较早地探索生态治理的解决路径,形成了一系列行之有效的制度方案,这些解决路径和制度方案对中国的生态制度建设具有一定的借鉴意义。

第一节　西方国家生态文明建设的借鉴价值

一、西方国家生态文明制度建设的规范化实践

西方国家由于遭受生态危机的年代较早,在探索生态文明制度建设的过程中,往往十分注重生态文明制度建设的顶层设计,注重将生态环境的保护写入法律,以法律作为硬性规定,来规范企业与公民的行为,帮助他们形成良好的生态习惯。在工业革命的发展中,为了避免生态危机的进一步扩大,欧美国家进行生态立法,通过建立较为完善的环境法律体系对生产、消费行为进行规范。

（一）以立法推动生态文明制度建设

美国以立法推动生态文明制度建设的步伐走在了世界的前列。美国在生态文明制度建设上坚持立法先行,以完备的法律制度作为生态文明建设的保障。

早在 19 世纪中叶,美国在建立黄石公园时就开始了生态环境立法。美国对于生态环境的立法涉及生态环境的各个方面,在大气、森林 、水体、土壤等多个方面都进行了立法,以推进对生态环境的综合治理。

19 世纪中叶,由于西进运动的扩展,农场与土地不断增加,对森林的采伐规模也逐渐扩大,在无休止地对森林资源进行开采的同时,如土壤沙化、水土流失等一系列问题逐渐浮现。美国政府及时意识到了问题的严峻性,因而在 1891 年出台《森林保护法》,授权总统"有权确定和保留美国境内任何由树木或矮树丛覆盖的土地作为公共保留地,而无论其是否具有经济价值"。由此奠定了保护森林资源的法律基础。1897 年,美国国会又通过了《森林管理法》,要求在确保木材用度的持续供给前提下,合理利用森林资源。这些早期涉及森林保护与开发利用的法律法规,推动美国的森林保护事业步入法制化、规范化的轨道。同时,由于工业的进一步发展,土壤与水体的破坏也日现端倪,因此,在同一时期,美国政府出台了法律对水体、水质进行立法保护。1899 年,美国制定出台《河流和港口法》,明令禁止在通航水域倾倒无许可证的下水道污水或各种生活垃圾。此后,还颁布了联邦政府对于水污染的控制法,明确了各州对于防治水污染的主要作用,并规定了联邦在各州未能有效管控的水体保护区域拥有执法权,该法为规范化污水处理设施的建设与改造,还涉及了提供资助的相关内容。除此之外,美国还注重进行流域的整体管理,在著名的田纳西流域治理问题上,美国政府通过立法成立田纳西流域管理局,对整个流域进行统一的规划、开发与管理,扭转了田纳西河流域的水旱灾害和水土流失问题,在改善当地生态环境的同时也发展了经济,成为生态环境治理的典范之作。

1969 年,美国制定《国家环境政策法》,成为联邦和各州共同遵守的法律准则。该法案的出台,标志着美国首次以国家立法的高度规范了环境政策,并明确了相关联邦政府机构的环保职责。具体表现为,该法律将环境保护以立法的形式,增设为联邦政府的机构职能,并基于顶层设计层面的系列立法创新,调整国家环境保护的宏观政策,从而为美国现代环境法制建设奠定了坚实基础。这部法律的颁布,使得美国在环境立法的指导思想上实现了从"末端治理"转向从源头治理即以预防为主的转变。美国政府的生态建设重心也逐渐由节制利用自然资源,转向对保护生态环境的聚焦。由是,美国开始将防治环境恶化、缓和生态危机的焦点转移至生态环境损害救济上,并以此为中心,建立起较为完备的制定法和判例法等责任制度体系,形成了较为先进的生态环境保护理念。

除美国外,欧洲国家也较早地开始以立法的方式进行生态文明制度建设。欧洲国家的生态文明立法,更多侧重于循环经济的保护和主体责任的强化,从而促进对污染源头的治理。

1996年,德国颁布《循环经济与废弃物管理法》。该法令以欧盟的相关准则为指导,确立了在联邦政府的中心地位。它以产品责任制为核心内容,以"预防者原则"和"引起原则"为出发点,强调主体责任制的落实,规定所有参与价值创造的经济主体都必须为循环经济的实施做出贡献。关于"产品责任",该法令提出:"为了履行产品责任,产品应该尽可能地如此设计,以至于在其生产和使用过程中减少垃圾的产生,对用后所产生的垃圾要确保对其进行环境可承载范围内的再利用及清除。"在此基础上,德国政府还制定《垃圾目录条例》《举证条例》等5个从属条例,以确保产品责任制的贯彻落实。该法规及其从属条例的颁布,标志着德国已进入循环经济发展的法制化轨道。

北欧国家瑞典,素以工业化程度高、生态环境好而著称。但是,瑞典的工业化发展也同样遭遇了环境污染问题。瑞典在走出粗放型发展模式后,就开始了生态环境的制度建设。1964年,瑞典制定《自然保护法》,对国家公园、自然遗迹、动植物物种及海岸河岸保护区进行了详细界定。1969年,瑞典颁布《环境保护法》,又对水污染、大气污染的治理进行了具体规定。1999年颁布的《瑞典环境法典》是瑞典第一个综合性的环境立法,该法典在预防原则、污染者付费原则的指导下形成了包括环境许可证制度、环境补偿、赔偿制度和环境保险制度在内的比较完备的环境法规体系。此外,瑞典发展循环经济还有注重源头防治的特点,具体表现为,通过提高能源利用效率,以减少因焚烧而加重的大气环境负担,这使得瑞典在实现大气碳循环负增长上,走在世界前列。

通过对欧美国家生态环境立法的分析,可以看出欧美国家在生态制度建设方面,重视立法对生态环境制度建设的基础性作用。相对于欧美国家,我国虽然从新中国成立初期就关注了生态问题,但由于多方面原因,生态环境立法起步较晚,立法步伐较为缓慢,涉及范围也不够全面。西方国家的一些立法举措,对我国生态立法的完善具有一定的借鉴价值。

(二)制定应对环境危机的经济政策

首先,实行环境经济政策,充分发挥税收的调节功能。实行生态税收政策,是美国将税收这一经济手段引入生态保护领域,在环境经济政策探索领域颇有作为的一项创举。目前,已形成一套体系完备、条目明晰的生态税收规则,主要包括:环境收入税、矿产资源开采税、针对损害臭氧层的化学品征收的消费税、针对汽车使用而造成污染的征税等。1977年,美国通过了《露天矿矿区土地管理及复垦条例》,针对矿区开采实行复垦抵押金制度,未能完成复垦计划的,其押金将被用于资助第三方复垦。此外,美国在1990年推出的二氧化硫排污权交易政策,一定程度上降低了二氧化硫的排放,成为世界上最早实施排污权交易的国家。

欧盟国家是利用环境税收调节生态文明制度建设的典型范例。早在1912年,英国福利经济学家庇古(Pigou)就提出利用外部性税收来解决环境污染问题,依据企业排放污染的程度,来确定污染排放者的具体义务,以"从量税"的形式对其进行直接征收。欧盟国家的环境税大致可以分为:污染物排放税、污染产品税、资源税和环境服务税等,从源头、过程、产品、消费后期等多个环节入手对环境污染进行法律约束。同时,欧盟还依据各国、各行业遭受污染的不同程度,制定多项税收优惠政策,以差别税收的方式,使税收的优惠税金用于补贴企业,促进企业的节能减排,加速了高能耗产业的淘汰和转型。

其次,践行可持续理念,鼓励绿色低碳发展。传统工业社会的粗放式经济发展模式及其消费方式,是造成生态环境持续恶化的重要根源。其症结在于基于人类中心主义而形成的人对自然的征服关系和索取关系。而现代可持续发展理念,强调人与自然的和谐化发展,这有赖于现代科学技术的推进,以实现生产方式的优化。

英国作为低碳经济的最早倡导者,以颁布《英国低碳转化计划》为核心,相继公布实施了《英国低碳工业战略》《可再生能源战略》《低碳交通计划》三个配套计划,将践行低碳经济提高至国家战略和顶层设计的高度来认识。英国的低碳经济实践,重视通过市场手段促进低碳经济发展。为解决支持低碳技术开发、实行减排活动等低碳实践的资金问题,英国在采取税收手段如征收气候变化税款的基础上,更通过成立由政府预先注资并采用企业化运营模式的独立公司如碳基金和环境变革基金等,为各类低碳经济实践持续提供资金来源。

美国则通过财政手段来鼓励可再生能源的开发和利用,通过政策倾斜、财政支持等方式,积极为可再生能源开发科研项目拨款资助,并出台税收补助与优惠政策,鼓励人们购买与使用清洁能源设备,如:生产节能家电企业,可以获得税补优惠,购买该类产品的消费者也可获得相应的补贴或退税。

再次,通过推动科学技术进步,为生态环境保护提供必要技术支持。注重科技投入,特别是在坚持市场机制发挥作用的前提下,通过研发高新技术来实现产业的生态化转型,是美国生态保护实践的一大特点[①]。美国政府通过设立各种科技研发奖励,激励社会各界投入对生态环保新技术的研发事业,例如,投资研

---

① 韩永辉,钟伟声.产业生态化转型的国别经验和战略启示[J].城市观察,2015(2).

发先进汽车技术和电池技术,大力发展节能环保混合动力和电动汽车,以科技创新为环境可持续发展持续注入续航动力与进步活力。此外,美国政府为实现2030年建筑设施能效提高至50%,且使所有新建筑实现碳中性或零排放,还投资近百亿资金用于环保设施建设及信贷投资;为提高建筑能效,更制定了一系列依靠技术革新的可持续方案。

（三）注重对国民的生态意识教育

除利用政策、法规对污染行为进行直接规范外,西方发达国家在探索生态保护的过程中,也注重对公众进行生态意识教育,培养民众的环保意识。

美国1970年就制定了《国家环境教育法》,在该法的指导下,美国的中小学就注重环境教育,以渗透结合课程和独立设置课程两种模式对中小学生进行环境教育。环境教育在课程安排上,大多学时集中于中小学的环境教育,并根据学生的不同年龄段的接受和认知程度,采取来源广泛的教育素材,以展现出不同的环保教育特征,采取循序渐进的方法将环境教育渗透到日常教学生活中,并通过户外教学、野外观察、环境主题活动、问题教学、角色扮演等多种形式加深学生对于环境教育的理解,以明确自身在生态环境保护与生态文明建设过程中的主体地位。

除学校教育外,西方国家还注重对公众进行社会教育,通过讲座、展览等活动,使社会各界人士在身体力行中,在潜移默化中提高自身的环保素质。

瑞典为倡导节约用水和科学使用厨房和厕所用水,每年都会举办大型宣传活动来增强人们的水生态意识。"自行车自由行"的自助租赁服务,是法国巴黎为缓解汽车尾气排放所造成的大气污染,在实践低碳出行上实行的颇具特色的公共出行服务。由于该服务在投放前期的良好宣传,加之设计合理、利民便民的管理方式,"自行车自由行"自实施以后,就广受市民欢迎,目前用户数已上升至13万,并逐步向法国的其他城市推广。

（四）发挥民间环保组织的作用

除政府力量外,非政府组织也在提升市民环保素质,推动全社会形成环保氛围上具有重要作用。1962年美国海洋生物学家蕾切尔·卡逊的著作《寂静的春天》,以详实的数据辅以令人身临其境的笔调,揭示出由于农药化肥的大量使用所导致的土壤破坏,水质污染等环境损害,这些人为损害,最终也就导致人的生命健康遭受严重威胁与反噬。该书所揭露的严酷事实,如醍醐灌顶般唤醒了彼时市民的环境意识,也促进了美国民间环保组织力量的生成。这些环保组织采用集会、演讲等方式组织民众,对其进行集体教育,并且注重与媒体合作,通过多种途径扩大自身影响力,潜移默化地影响民众。

西方民间环保组织的人员分布广泛,因与政府、企业合作,大多拥有充足的资金来源,活动空间也往往不受国界限制,运行模式灵活。例如,绿色和平组织就属于跨国界的全球性环保组织,曾在反对海湾战争石油污染、北海道鲸鱼捕杀、南半球臭氧层扩大等事件上,作出积极努力,大大提升了民众和政府对这些事件的关注度。

综上可以看出,西方国家在生态文明制度建设方面已基本形成顶层设计、政策制定、政策执行、民众教育等一条龙的保障与巩固体系。以法律制定作为硬性保障、科学技术作为软性支撑、非政府机构等民间团体作为监督主体,各个环节相互配合,催生了一套较为完善的生态建设体系,对当今中国生态制度的体系化建构具有一定的启发意义。

二、西方国家生态文明制度建设的运行困境

当代生态危机根源自资本主义生产方式下无限逐利的资本逻辑,故而,只要资本主义制度的枷锁尚未冲破,它就不可能实现真正的生态文明。

(一)资本主义制度自身的反生态性决定其生态制度建设的伪命题性

首先,资本主义社会制度决定了其生产方式具有强烈的反生态性。马克思曾经在《资本论》中引用托·约·登宁的名言来形容资本的本性:"如果有 10% 的利润,资本就会保证到处被使用;有 20% 的利润,资本就能活跃起来;有 50% 的利润,资本就会铤而走险;为了 100% 的利润,资本就敢践踏一切人间法律;有 300% 的利润,资本就敢犯任何罪行,甚至去冒绞首的危险。"①资本主义生产方式和生态环境之间存在着不可调和的矛盾甚至是严重的冲突。西方国家不论采用何种方式进行生态文明制度建设,但由于其生产方式仍以私人占有为基础,生产逻辑仍以最大程度地榨取剩余价值的资本逻辑为主导。在资本主义私有制背景下,资本家不断地追求资本利益的最大化,疯狂地追求利润,在这种条件下,资本家必然追逐对成本的无限降低,而地球上轻易就可获得的自然资源就成为资本家获取原材料的主要方式,在无限扩大利润的目的的驱使下,资本家在相互竞争中压低自然资源的价值,必然导致对自然资源的无理掠夺,最终导致生态危机。即使在当代西方资本主义社会,在西方政府对于"绿色资本主义"的倡导下,

① 马克思恩格斯全集(第 17 卷)[M].北京:人民出版社,1963:258.

依旧不能掩盖资本主义对自然盘剥劫掠的本质。绿色资本主义所推行的方案虽然在表面上对资本主义的企业进行了约束，使其无限攫取自然资源以追逐利益的步伐有所收敛，但是却无法真正从根源上协调资本的逐利本质与自然之间的矛盾关系。如在当前，许多西方国家提倡使用清洁能源与可再生资源进行生产，通过市场调节如税费补贴等政策鼓励推行清洁能源交通工具，然而，节能交通工具的使用并不完全有赖于清洁能源本身，其在生产与消费的过程中依旧会损耗其他的自然资源，无异于"拆东墙补西墙"。从本质上说，西方资本主义国家所推行的"绿色资本主义"背后依然是资本逻辑，而在资本逻辑的支配下，人的欲望与自然界的不相容性无法实现真正的生态文明。从这一意义上说，资本主义国家自身的社会制度属性决定了在生态文明建设中理论的先天缺陷，所以，绿色资本主义的畅想不可避免地沦为自欺欺人的幻想①。无论后期的生态理论和科技如何发展，都不能抹灭自身制度框架的局限性。面临生态约束以及在后来的生态治理过程中，都不能摆脱其浓厚的资本主义属性。

其次，"人类中心主义"的理念一直影响着西方资本主义国家的生态文明制度建设。 自人类摆脱中世纪的蒙昧状态，进入代表着近代文明开端的工业时代之日起，资本主义的迅速发展使得人类骄傲自矜，将自身视为自然的主宰。虽然经受自然数次的报复后逐渐吸取教训，然而在资本主义发展势头不减的情况下，潜意识里依旧将自然工具化为为人类服务的资源。在这种"人类中心主义"观念的影响下，西方资本主义国家即使在认识到生态环境保护和生态文明制度建设的重要性时，其出发点依旧摆脱不了资本主义劫掠自然的初始本性，从而使得其进行生态文明制度建设的初心不是进行生态环境保护，促进人与自然的和谐发展，而是以生态文明制度建设为手段实现资本主义制度的再巩固与再发展。从西方国家当前所进行的生态文明制度建设的现实来看，在"人类中心主义"理念的影响下，"绿色资本主义"的推行步伐依旧缓慢。因此，要实现真正意义上的人类与自然和谐相处，如果不从根本上改变这种以人为唯一尺度、忽视自然价值和反作用的思维定式，从根本上破除这种错误理念，生态文明制度建设就是一句空话。对于资本主义国家来说，"人类中心主义"观念的根深蒂固使得生态文明制度建设只能从表面上缓解人与自然的矛盾，而不能从根本上解决资本主义制度下人与自然相对抗的问题。从这一思想衍生的统治自然的环境观，势必无法在根本上解决人与自然的矛盾。也就是说，当西方国家所推行的"绿色资本主义"服务的对象依旧是资本主义社会时，人类与自然的相处模式依旧会回到利用与

---

① David Pepper. *Eco-Socialism：From Depp Ecology to Social Justice*[M]. Routledge，1993：95.

被利用的关系上。虽然在当前环境下,资本主义国家的政府与民众已经深刻认识到自然资源的有限性,并开始着手进行生态文明制度建设,保护自然环境。但是,在这种人类中心主义观念的指导下,资本主义国家对自然环境的保护的目的不在于营造自然与人类和谐统一的关系,而是在于使自然资源在短时期内获得喘息,从而为人类再次利用自然提供机会。

(二)资本主义国家内部环境的复杂性决定了其推行生态文明制度建设的艰巨性

西方资本主义国家内部环境也具有一定的复杂性,虽然在当前条件下多数资本主义国家已经认识到了生态文明制度建设的重要性,但是,在资本主义本性的驱使下,人类的发展与生态环境的保护始终是对立的关系,如何处理这二者的关系就成了资本主义国家政党必须面对的问题。然而,由于资本主义国家政党执政缺乏连贯性,各党派从各自的特殊利益出发制定政策,从而使得资本主义国家在制定生态政策时往往也缺乏连贯性,极易导致由于执政党的更迭,使其生态文明制度建设政策常常显示出不稳定的特征。特别是在一些资本主义国家,有些党派为竞选上台,顺应选民意愿,抛出的一系列有悖于生态文明建设的口号。如在小布什执政期间,面对当时美国经济发展放缓,总体生态环境状况有所好转的背景下,执行了一系列将经济发展置于环境保护之上的政策。此外,资本主义国家企业与财阀的巨大影响力使得政府在制定政策时不得不将资本家的利益置于首位。小布什执政期间,他在竞选时承诺减少包括二氧化碳在内的四种污染物的排放,而在上任不到两个月就违背了这一承诺。这一方面赤裸裸地展现了资产阶级政治家为赢得竞选可以满口谎言,开出大堆空头支票的丑陋面目,另一方面展现了生态文明建设难以持续开展的更深层原因,即布什政府的背后是大资产阶级,代表美国有产者的利益,因而始终难以摆脱以谋利为目的大企业和财阀的掌控。因此,他在竞选成功后,必然倾向于他的支持者们的利益,将经济的发展置于环境保护之上,这无疑对美国的生态制度建设造成了危害。早期由尼克松颁布的,旨在保护自然环境,提升人与自然之间的和谐程度的《国家环境政策法》未能持续发挥作用并得到有效继承。该法案的初衷是基于人类健康与福祉,倡导充分了解自然生态系统及自然资源对国家发展的重要意义,旨在提倡减少对自然资源的掠夺和控制对自然生物体的人为侵害,以促进人与自然的协调发展。所以,该法案的颁布标志着美国的自然环境保护与生态治理进入一个全新的阶段,通过先进的立法制度使美国的环境得到了根本性的改善。然而,小布什总统却无视该法案的初衷与要求,为资本利益断然采取"反环保"的诸多政策,使得前期进行的生态文明制度建设遭到了中断,大大损害了美国的生态文明制度建设。

　　除此之外,西方资本主义国家的民间组织力量也不容小觑,特别是反对环境保护主义者对生态文明制度建设的冲击。拿美国举例,这部分民间组织往往有着较大的群众基础,并通过媒体广泛宣传其政治主张,甚至试图影响有关部门负责人的任命。如在 20 世纪 80 年代美国出现的"明智的利用"和"山艾树的反叛",这些组织以保护私有财产为旗号,指责某些环保规定侵犯了他们的私有财产权,公然站在环境保护与生态治理的对立面。换言之,他们认为政府颁布的环保执行标准限制或阻碍了工厂生产的成本控制与利润最大化,也就是对剩余价值的充分榨取,因此,他们要求政府对那些因环保政策而作出让步和牺牲的工厂主进行资金赔偿。正如其著名领导人让·阿诺尔德公然将环保主义宣称为邪恶的"异端",鼓吹实行环保主义无异于将"人"献祭于环保的"祭坛"上。在他看来,如若美国树起环保主义旗帜而不去"摧毁它",那么在未来 20 年间,美国的工业经济和私有财产将在环保的"祭坛"上湮灭。所以,他主张废除环保主义,而代之以"明智的利用"①。这就赤裸裸地体现了反对环境保护主义者们"人类中心主义"的思想,同时也反映出,这些反对环境保护主义者们能如此嚣张地抵制环境保护和生态文明制度建设的深层次原因,在于其背后资本的力量在作祟。这部分反对环境保护主义者们有着强大的号召力与影响力,在美国社会针对环保问题有着相当的话语权,直接影响了美国环保政策的制定和出台。在这种反环保主义者们的激烈抵制下,美国的生态文明制度建设并非易事,而美国的艰难步伐只不过是西方资本主义国家生态文明制度建设的一个缩影。

　　(三)资本主义文化与西方资本主义国家生态文明制度建设存在内在冲突

　　生态文明制度建设的有效推行,有赖于建立人与自然和谐关系的观念。换句话说,必须在思想上正确认识人与自然的关系,生态文明建设才具有顺利推行的观念基础。然而,在资本主义国家,资本主义文化作为占据社会的主流文化,背后代表的是资产阶级的思想意识,在思想观念上强化的是资本主义的生产方式,从而进一步强化对利润的追逐,进而更深层次地加剧了生态危机。而生态文明制度建设无疑是与这种文化观念相矛盾的,因此,在资本主义文化的影响下,西方资本主义国家的生态文明制度建设在运行层面依旧困难重重。

---

①　Jacqueline Vauqhn Switzer, Green Backlash. *The History and Politics of Environmental Opposition in the U. S.* [M]. Lynne Rienner Publishers, 1997:32.

资本主义文化对生态环境制度建设的阻碍主要体现在两个方面,人性的异化和消费价值观的异化。

首先,就人性的异化来说,在资本主义文化的影响下,资本主义社会对无尽利润的追求使得人的追求以物欲为中心,人性的自然属性和社会属性的发展出现了不平衡的状况。人不再是自由自在的个体,而成为了欲望的奴隶,在资本逻辑的支配下,人失去了作为人自身的存在价值,其所作所为都是以资本为核心,在这种"异化"中,人不得已沦为为满足资本榨取剩余价值和促进资本增殖的工具。在资本主义文化的影响下,西方资本主义国家普遍形成了这样的共识:人在社会上的价值不在于其通过劳动创造的价值有多少,而在于其能享受的物质能有多少。因此,在物质主义的支配下,人类的贪婪在资本主义阶段被大大地激发了,"只要我们不断努力,就能得到更多的物质财富"的观点在资本主义社会形成共识,认为占有的商品越多,人就会越幸福,其价值也就越大。资本主义文化影响下人的物欲的膨胀,使得人们不断开发新技术,对自然进行无限的开发与支配,因而加剧了对自然界的盘剥,造成了自然环境的极大破坏。

其次,资本主义文化催生了消费主义和享乐主义的产生。在资本家眼中,生产的产品被消费的过程就是剩余价值实现的过程。而自然与资本主义社会的矛盾就在于,自然资源的有限性和在消费主义影响下欲望和消费无限性之间的矛盾。要探究资本主义文化为何会催生消费主义,又因何会影响到西方资本主义国家生态文明的制度建设,必须回到资本主义生产方式的问题上来。资本主义为了获取更多的利润而不断扩大生产规模,但是在社会消费群体一定的情况下,资本家生产的所有商品并不都是一定能被消费的,因而对资本家来说,就产生了剩余价值无法实现的危机。这也是资本主义社会周期性经济危机产生的根源。资本家为了尽可能多地将生产的产品消费出去,就必须刺激消费,通过资本主义文化植入消费主义的意识,将"虚假的需求"灌输到人们的头脑中,通过各种明目张胆以及潜移默化的方式向人们宣扬人生的意义在于追求当下的幸福,在于拥有更多的物质财富,使人们将消费作为人生的终极目标。在消费主义的影响下,人们购买远超于自己实际需求的商品,在消费扩大的影响下,资本主义生产得到了进一步的刺激。而如果生产的商品超过了消费的能力,无法被消费者所消耗,就会带来资本主义周期性的经济危机,为了减缓经济危机带来的影响,资本主义文化就会引导人们无止境地消费。如此循环往复,一方面,资本家为了进一步获取利润,必须扩大生产,因此必然需要向自然界索取更多的生产原料,加大对自然界的开发利用。为了赚取更多的剩余价值,生产所需的成本就会被无限制地压低,自然资源的价值遭到进一步贬损;另一方面,由于消费主义引导人们购买与享用远超于自己需求的物品,势必造成极大程度的浪费,而生产出这些产品不仅浪费了大量的自然资源,同时也使得在处理大量废弃品时再次消耗自然资源和环境的承载力,最终进一步加剧生态危机。

除消费主义外,资本主义文化衍生了另一种畸形的消费观,即享乐主义。自第一次世界大战结束后,为了破除内需不足,消费乏力的状况,缓和资本主义世界普遍发生的经济危机,西方资本主义国家政府大力推行凯恩斯主义的"信贷消费"。凯恩斯主义宣称,基于社会总产量与社会需求的相互决定关系,所以市场有效需求不足是导致社会总产量下滑及社会失业等经济危机现象的根源。而市场有效需求取决市场消费的带动。所以,为拉动需求,倒逼产量提升,实现经济增长,就必须通过刺激消费、扩大消费来实现。这一理论也就塑造了凯恩斯主义独特的消费观,即反对节俭,主张刺激"信贷消费",甚至是奢侈浪费,概言之,就是"奢侈有利,节俭有弊"的观点。为了拯救二战后经济发展乏力的状况,许多西方资本主义国家普遍采用了凯恩斯主义指导经济发展,即采用高工资、高消费的政策。同时,由于这一时期科学技术进一步发展,生产力水平得到进一步提高,经济增速明显,资本主义社会重现"繁荣"景象。但是,在这种繁荣的背后,享乐主义消费观却开始蔓延并逐渐渗透到人们的人生观中。"工作为挣钱,生活为享乐"的观点在资本主义国家得到了普遍认同。人们将赚钱与享乐作为人生的追求与目标,并在此过程中渐生攀比之心,更加追求骄奢淫逸的生活,在物质丰富的今天,这更成为资本主义国家的常态。

享乐主义消费观的泛滥必然对当代生态文明建设带来巨大的危害:首先,它导致了自然资源的极大浪费。享乐主义过于强调人的欲求,特别是肉体上与物质上的满足,而相对忽视了人精神世界的充实,其直接导致了人作为人的特征渐趋不明显,模糊了人与其他动物的本质区别。丹尼尔·贝尔也进一步指出:"资产阶级社会与众不同的特征是,它所满足的不是需要,而是欲求。欲求超过了生理本能,进入心理层次,因而是无限的要求。"[①]在"进入心理层次"的无限贪欲的支配下,人们必然追求无尽的利润,在获取无限利润的驱使下,必然造成资源的消耗与浪费。例如,现在美国作为资本主义国家的代表,在享乐主义的影响下,以仅占全球 6% 的人口消耗掉了全世界超过 30% 的资源。美国人均汽油消耗量是卢旺达的 1000 倍。单个美国人一生的总需求量是单个印度人总需求量的 60 倍之多。占全球人口总量 25% 的发达国家的年资源消耗量是全世界的 80%。其中能源消耗量占 85%,木材占 85%,钢占 72%,这些资源大多是不可再生或

---

① 丹尼尔·贝尔.资本主义文化矛盾[M].赵一凡等译.北京:三联书店出版社,1989:68.

再生速度慢的资源。所以,毫无夸张地说,如果全球近70亿人口都如此肆无忌惮地利用自然资源,那全球有限的自然资源势必面临消耗殆尽的危机,我们的地球将"一代人的时间里就会流尽最后一滴血"①。在享乐主义的影响下,严重生态危机的产生不可避免。恩格斯早在100多年前就曾预言:"不要过分陶醉于我们对自然界的胜利。对于每一次这样的胜利,自然界都报复了我们。"②

由此看来,只要资本主义制度不被消灭,由此产生的资本主义文化就会继续存在,在这种文化驱使与主导下,以最大化榨取剩余价值的生产主义和以极端享乐为目的的消费主义就难以克服,由此引发的对自然资源的无限掠夺与对生态环境的肆意破坏而导致的生态危机根本无从遏制。西方资本主义国家进行的生态文明制度建设,只要在资本主义制度框架之下进行,就会变成一句空话。

(四)生态问题全球化趋势下资本主义国家生态文明制度建设具有内在的矛盾性

资本主义制度本身与生态之间不可调和的矛盾,导致了资本主义国家内部的生态危机,由于资本的全球扩张性,将污染进行转嫁就成为资本主义国家解决本国生态危机的重要手段。这也从侧面暴露了资本主义国家生态文明制度建设的虚假性。在全球化背景下,这种生态帝国主义行径多半披着外资输出的羊皮来进行。在这种输出过程中,资本主义国家实现隐性的生态扩张,即借助自身拥有的经济实力和科技优势,在第三世界国家进行资源掠夺的同时,以外商投资的形式向发展中国家转移具有严重污染和生态破坏性的粗放型落后产业,从而实现资本主义国家的污染输出,在这个过程中,许多发展中国家都成为了资本主义国家落后产业的主场和污染的转嫁地,在这样的境况下,发展中国家既牺牲了资源,又加剧了生态危机。很明显,生态危机和环境污染只是从一地转到了另一地,资本主义国家的生态危机减轻,而发展中国家的生态危机问题却愈加严重。资本主义国家这样的行径无疑加剧了全球的生态不平等。

在现今社会,生态文明建设问题是一个全球性的问题,生态危机可能引发的一系列环境问题如大气污染从一国扩散到另一国的状况表明了资本主义国家不可能在全球性的生态危机中独善其身,也表明资本主义国家开出的污染治理的药方终究治标不治本。资本主义国家企图以污染转嫁的方式转移本国的生态危

---

① 转引自:余谋昌.创造人类美好的生态环境[M].北京:中国社会科学出版社,1997:150.
② 马克思恩格斯选集(第4卷)[M].北京:人民出版社,1995:517.

机的乌托邦最终注定崩塌。它给"世界人民带来灾难，同时也给自己留下坟墓"①。转嫁到第三世界国家的生态危机在虽然短期可能会缓解资本主义本国内的生态危机，然而，从长远看，全球性生态问题的爆发，如近年来的厄尔尼诺、拉尼娜等气候异常现象，同样给资本主义国家自身带来影响。这也说明了以生态帝国主义手段转移污染，不过自欺欺人，因而也不可能实现真正的生态文明建设。

除此之外，资本主义国家在全球生态危机治理上不断推卸责任。全球性的生态危机是全人类必须共同面对的课题，然而，资本主义国家在共同治理全球性生态危机，承担生态责任的问题上，往往语焉不详。许多西方资本主义国家在推进全球环境治理问题上就不愿承担"共同的但有区别的责任"，不愿意承担污染者付费的原则。虽然资本主义发达国家与发展中国家对全球环境施加的压力以及对自然资源的消耗之间存在着实际差别，就当前来说，资本主义国家虽大多已经实现绿色发展，而发展中国家的粗放式生产方式无疑对全球生态环境产生了较大的压力。但这并不能成为西方资本主义国家推卸全球生态文明建设历史责任的理由。可以说，当今人类面临的大多数环境污染和生态危机，都来源于率先实现资本主义的西方国家为创造工业文明而遗留下的历史包袱，正是由于资本主义国家在发展中对生态造成的诸多破坏，全球生态危机的解决才会如此棘手。

与此同时，当代资本主义国家打着资源世界范围内重新配置的幌子，公然将高能耗、高污染的夕阳产业淘汰转移至发展中国家，这在缓解本国生态压力的同时，却把污染的范围扩散到全世界，让众多发展中国家为资本主义国家所导致的能源消耗和生态破坏买单。而在世界环境气候峰会上，西方国家不仅不对自身的转嫁行径多加反思，反而恬不知耻地对发展中国家的生态环境问题恶意指责，从未清醒地自我认知到，他们的转嫁行径才是造成当前局面的罪魁祸首。

并且，在涉及本国的经济发展等利益问题时，西方资本主义国家不惜推卸作为国际舞台一分子应承担的责任，不仅公然违反生态保护承诺，甚至站到人类共同发展的对立面，成为反全球生态文明治理和建设的一方。如特朗普就任美国总统后，其提振美国经济的施政方针，有一条是加大对煤碳、石油等传统工业的开发利用。但根据国际《巴黎协定》的要求，美国必须于2025年之前实现减排16亿吨，将排污量减少至同2005年水平相当的26%至28%。所以，在特朗普看来，根据《巴黎协定》的规定，美国的减排方案无疑会影响本国经济的发展，而利用传统能源无疑可以发展传统工业，带动就业，进而促进经济发展。可想而知

---

① 陈永森.福斯特对生态帝国主义的批判及其启示[J].科学社会主义,2009(1).

的结局就是,特朗普以发展传统能源工业以带动就业,提振经济为借口,公然退出《巴黎协议》,站在了世界环保行动的对立面。这赤裸裸地展现了西方资本主义国家在本国经济发展与全球气候保护的问题上做抉择时的自私态度,也一针见血地表明了资本主义国家在建设生态文明时的虚伪嘴脸与生态文明建设无法与资本主义经济发展共存的事实。

第二节　中国特色社会主义生态文明建设的制度优势及世界意义

中国的生态文明制度建设,既有基于中国国情而形成的具有中国制度特色的内容体系和建构方案,也包含着带有普遍意义的价值理念和路径方法,对其他国家的生态建设具有借鉴意义。

一、中国特色社会主义生态文明的制度优势

(一)生态文明建设是中国特色社会主义建设的应有之义

首先,建设生态文明是坚持和发展科学社会主义的需要。马克思和恩格斯创立科学社会主义的时代,正值资本主义的上升发展期,在生产发展的过程中,就已经产生了严重的环境问题。马克思与恩格斯对资本主义所引发的严重生态问题进行了激烈批判,同时也设想了在新的先进的社会制度中人与自然和谐发展的景象。马克思和恩格斯认识到,世界上自然资源的数量有限,而人类对生态环境造成的破坏大多难以逆转,资本主义在发展过程中无限消耗自然资源的局面,使得人们开始担忧后世子孙生产发展的可持续问题,认识到必须为人类社会的持续发展预留必要的资源储备和生存空间。因而,必须将资本主义制度下自然成为"少部分人的财产"转化为"自然资源为人类所共有"。恩格斯也认识到,"我们也经过长期的、往往是痛苦的经验,经过对历史材料的比较和研究,渐渐学会了认清我们的生产活动在社会方面的间接的、较远的影响,从而有可能去控制和调节这些影响。但是要实行这种调节,仅仅有认识还是不够的。为此需要对我们的直到目前为止的生产方式,以及同这种生产方式一起对我们的现今的整个社会制度实行完全的变革。"①

----

① 马克思恩格斯文集(第9卷)[M].北京:人民出版社,2009:561.

在马克思和恩格斯看来,要缓解人与自然的紧张关系,消除人与自然的矛盾对立,从而合理解决生态问题,实现人与自然协调发展,根本要务在于社会生产方式及其制度的变革,即推翻资本主义,建立共产主义社会,才能消除这种人与自然不和谐的局面,真正实现可持续发展。随着未来共产主义社会制度的确立,"社会化的人,联合起来的生产者",将不再受制于"盲目的力量"的随意摆布,而是将其置于"共同的控制之下",由是,"他们和自然之间的物质变换",将在"最无愧于和最适合于"人类本性的条件下,"靠消耗最少的力量"而得到"合理地调节"①。恩格斯也指出,只有在这样的社会状态下,人们才第一次能够"谈到那种同已被认识的自然规律和谐一致的生活"②。马克思与恩格斯通过对当时社会严重的环境破坏现象进行分析,得出生态危机产生的深层次原因就在于资本主义制度,因此,要彻底解决生态危机,建成人与自然和谐发展的社会,必须推翻资本主义制度,建立共产主义社会。

虽然西方资本主义国家在经历严重生态危机后认识到保护自然、建设生态文明的重要性,并提出建设"绿色资本主义"的方案,制定一系列的法律法规,同时运用市场与行政的力量加强生态文明建设。但是,必须指出,即使资本主义国家花费人力物力进行生态保护,实现了自然环境的恢复与重建,但其社会制度决定了西方资本主义国家不可能建设真正的生态文明,生态文明只有在社会主义制度条件下才可能真正实现。其一,社会主义制度是对资本主义制度进行扬弃的结果。社会主义生产方式摒弃了资本主义社会中生产资料资本家私有的所有制形式,克服了资本主义制度下资本为追求利润不惜破坏环境的弊端,克服了不断扩张的生产能力与环境有限承载能力之间的尖锐矛盾。其二,不同于资本主义社会发展的反生态模式,社会主义的发展模式力求达到人与自然和谐共生的状态,在社会主义条件下,实现人的全面自由的发展以尊重自然、顺应自然、保护自然为前提,人对自然不是单纯的索取关系,而是利用与保护并存,使得生态环境在人的发展过程中得到更好的保护,从而真正实现人与自然的和谐发展。

其次,建设生态文明是构建中国特色社会主义的必然要求。中国特色社会主义制度既遵循科学社会主义的基本原则,也与中国国情相适应。在构建中国特色社会主义的过程中,必须实现社会的全面发展。生态文明建设是中国特色社会主义建设的重要内容,是构建社会主义和谐社会的本质要求,充分彰显社会主义的本质与核心价值。社会主义的本质就是解放和发展生产力,其核心价值

---

① 马克思.资本论(第3卷)[M].北京:人民出版社,1975:926-927.
② 马克思恩格斯选集(第3卷)[M].北京:人民出版社,1995:456.

就是注重社会的公平正义。在这样的价值导引下,中国特色社会主义的发展就必须摒弃以破坏自然环境和生态平衡为代价的发展,而应该实现可持续的发展,以保证自然资源能够在为人类发展而利用时依旧能得到有效保护,人类子孙后代不至于因前人对自然资源的掠夺而吞下自然反噬的苦果。中国特色社会主义坚持的可持续发展通过协调了人与自然的关系,一方面使得自然资源得到了有效保护,另一方面也为中华民族永续发展提供了现实的自然条件。

此外,建设生态文明也是基于我国国情的必然选择。我国发展中国家的现实状况决定了我们必须实现工业化,以快速提升人民生活水平和国家综合实力。然而,资本主义国家崛起的过程表明,走工业化实现迅速发展的道路同时也是一条对自然资源进行掠夺开采的过程,即使我们在工业化过程中做好规划,使得利用与保护同时进行,也不能完全规避工业化带来的生态环境破坏的风险。我国从新中国成立初期就将生态文明建设作为重点,但由于社会主义建设时期生产力发展的不足以及科学技术水平的限制,导致在实现工业化的过程中难以对自然进行高效的利用,甚至对自然环境造成了一定破坏。改革开放后我国经济水平的迅速提升以及科学技术的进一步发展也为我们建设生态文明提供了条件。在中国特色社会主义不断前进的趋势下,不仅是经济发展要求进行生态文明建设,人民精神需求的提高也推动民众认识到,仅有物质生活水平的提高无法实现人的全面发展。人民对于美好生活的需要也要求我们加快保护生态环境,建设社会主义生态文明。因此,在面临可持续发展的要求下,我们必须转变传统的工业文明发展模式,走可持续的生态工业文明发展之路,使得经济发展、人的全面发展与生态环境相协调。当经济社会的发展逐步走向可持续,发展就会达到既关注局部又关注整体,既关注当前又关注长远的状态。因此,在这样的发展要求下,生态文明建设就成为当前中国的必然选择,成为中国特色社会主义的发展目标。

(二)中国特色的政治制度为生态文明建设提供有力的政治保障

中国特色的政治制度决定了我们在进行生态文明建设时能够始终把人民的利益放在第一位,因而决策始终能够保证以人民为中心,这也就决定了为什么我们的生态文明建设能够得民心,聚民力,在社会主义生态文明建设理论的指导下,有条不紊地推行。

中国共产党的正确领导、强有力的政府执行力和各个部门在生态文明建设过程中的密切配合为中国特色社会主义制度下进行生态文明建设提供了政治保障。国家和政府的主导作用主要体现在:国家将生态文明建设上升为国家战略并给予政策支持、国家通过宏观调控对生态资源和环境进行整体规划和保护、生态文明建设的顶层设计和战略部署日益完备、生态文明建设的制度体系逐渐健全等。

与西方政党不同的是，生态文明制度建设早已根植于中国共产党为人民服务、帮助人民实现美好生活的过程中，随着时代的发展已经成为中国共产党政治意识形态的内在组成部分。中国共产党始终以人民为中心，为人民谋福祉，在"绿水青山就是金山银山"的正确思想的指引下，坚定了生态文明建设是实现中国梦的必要途径的意识。进行生态文明制度建设是中国共产党对社会主义建设道路的科学认识。

1. 党的领导是中国特色社会主义生态文明建设的根本保障

中国共产党是中国特色社会主义事业的领导核心，中国共产党的领导是中国特色社会主义的本质特征。正是有党的坚强领导，中国特色社会主义生态文明建设才能稳步推进并取得显著成就。

首先，中国共产党的"为民"宗旨决定了中国生态文明建设的利民取向。

不同于西方资本主义国家的政党受资本操控的性质，中国共产党始终代表最广大人民的根本利益，因而在执政过程中能够始终做到将人民的利益放在首位，将以人民为中心的思想写入执政理念，并在执政过程中加以落实。这就保证了中国的生态文明建设的出发点不是如资本主义国家政党以生态保护为手段，最终实现对自然更大程度的利用；而是满足人民群众对良好生活环境的需要和实现人与自然的和谐发展。

坚持人民主体地位是中国共产党领导中国生态文明建设稳步推进的关键。人民群众是历史的创造者，是社会主义国家真正的主人。中国共产党在推进社会主义生态文明建设的过程中，始终把人民的利益放在首位。为增进人民的福祉，促进人的全面发展，满足人民对于美好生活的需要，中国共产党坚持谋民生之利，解民生之忧，在全力推进经济增长，提高人民的物质生活水平的同时，关照到人民对于良好生活环境与生态环境的诉求。正是由于中国共产党始终代表人民群众的根本利益，其领导下的生态文明建设才具有了正确的方向。

在当前，针对仍较为严重的生态环境问题，中国共产党从人民切实利益和民族生存发展的高度出发，积极进行理论探索和制度设计，全面改善人民的生活环境。党的十八大以后，人民群众的物质文化需要基本得到满足，人民群众对美好生活需要开始呈现出逐渐增长的趋势，对生态文明建设的质量和水平有了更高层次的要求。针对人民群众日益增长的新需要，中国共产党坚持以人民为中心，将生态文明建设纳入"五位一体"总体布局，做出全面部署，努力为广大人民群众创造良好的生态文明及优质生态产品，切实提升人民在生态文明建设中的获得感，增强人民在新时代创造美好生活的幸福感，使生态文明建设的成果惠及全体人民。

其次，中国共产党具有领导中国生态文明建设的全局统领力。我国作为世界上人口最多的发展中国家的现实国情要求我们必须有一个坚强有力的政党的领导。从新中国的历史来看，中国共产党在带领中国人民开创社会主义现代化，提升人民物质生活水平和生态环境质量上一直扮演着领导者、开创者和建构者的角色。面对我国人口众多，经济总量虽然占据世界前列，但是在人均 GDP 上却远低于许多发达国家的现实，我们党在大力开拓物质文明的同时平衡好了经济发展与自然资源消耗之间的关系，让人民在享受到物质生活水平提升的同时，切实享受到生态文明建设的利好，在自然可承受的最大范围内满足自身需要。事实也证明，只有中国共产党具备统筹推进经济发展与生态保护共进的能力。

最后，中国共产党的性质决定了它切实担当起了中国生态文明建设的责任。为人民服务是中国共产党的宗旨，党的十八大以来，习近平总书记以深邃的思考直面人民诉求，以全新的理念指导生态文明建设。中国共产党人对中国特色社会主义建设发展的认识更加深化，"生态兴则文明兴，生态衰则文明衰"，党对中国特色社会主义建设发展的认识更加深化。为领导全国人民实现中华民族伟大复兴的中国梦，中国共产党在党的十八大通过的《中国共产党章程（修正案）》中，把"中国共产党领导人民建设社会主义生态文明"写入党章。将生态文明建设纳入执政党的行动纲领，显示了中国共产党带领人民建设社会主义生态文明的坚定决心。

中国共产党自执政以来，就十分重视对生态文明建设，生态文明建设是中国共产党执政理念现代化的逻辑发展，中国共产党面对人民要求生活质量提升的需求，应对环境污染和生态破坏的现实，就必须推进生态文明建设。虽然在社会主义建设时期我国也遭遇了人与自然关系恶化的情况，但是，中国政府在推进经济发展的同时不断反思与总结之前在生态文明建设上的经验与教训，并逐步将生态文明建设提到社会主义文明建设的全局化高度上来，并形成了一套关于生态文明建设的完整、系统的理论与方案。

党的八大之后，中国共产党进入了生态文明建设的萌芽期。虽然在当时建成社会主义国家的强烈愿望使得我们在认识人与自然辩证关系的问题上出现了偏差，但是中国政府依旧提出了兴修水利、保护自然、节约资源的朴素观点。其为后来的生态文明建设奠定了一定的思想和实践基础。改革开放以后，中国共产党重新确定了新的思想路线，在全力发展经济的同时，开始对生态文明建设进行探索。面临当时为求经济快速增长而采用的粗放式经济发展模式所导致的一系列环境问题,中共开始思考和探索如何平衡经济发展与生态环境的关系。这一时期,关于生态文明建设的论述也随之频繁出现在党代会报告上。党的十二大报告在论述社会主义经济时强调,"要保证国民经济以一定的速度向前发展,必须加强能源开发,大力节约能源消耗"①;党的十三大报告指出"人口控制、环境保护和生态平衡是关系经济和社会发展全局的重要问题"②,"必须清醒地认识到,技术落后、管理落后、靠消耗大量资源来发展经济,是没有出路的"③,要"在推进经济建设的同时,要大力保护和合理利用各种自然资源,努力开展对环境污染的综合治理,加强生态环境的保护,把经济效益、社会效益和环境效益很好地结合起来"④。这些论述表明党在生态文明建设上开始有更加深入的思考。步入新世纪后,党在生态文明建设上进入发展期,在实践探索中对生态文明的认识进一步加深。党的十五大报告提出了生态文明建设的具体策略。坚持"资源开发和节约并举,把节约放在首位,提高资源利用效率"⑤;加强制度设计,走法治道路,同时"加强对环境污染的治理,植树种草,搞好水土保持,防治荒漠化,改善生态环境。控制人口增长,提高人口素质,重视人口老龄化问题"⑥。之后,党的十六大报告将生态环境建设纳入全面建设小康社会这一重要阶段目标的四个分目标中。这都表明了随着中国特色社会主义建设的逐步展开,生态文明建设得到了进一步重视。

党的十八大报告中关于生态文明建设的内容表明中国共产党对于生态文明建设的认识迈上了一个新台阶。党的十八大报告更是首次单篇论述"生态文明",把生态文明建设放在突出地位,作为关于民族未来的长远大计来重视。报告将建设生态文明提到"关系人民福祉、关乎民族未来的长远大计"⑦,纳入"五位一体"的中国特色社会主义事业的总体布局当中,明确了生态文明建设的战略地位。报告把建设社会主义生态文明的目标与社会主义现代化建设的其他远景发展目标有机结合起来,使生态文明的建设与小康社会、和谐社会、节约型社会的建设有机地整合起来,在相互协调中,整体推进,既是对人民群众生态诉求日

---

① 中共中央文献研究室.十二大以来重要文献选编(上)[M].北京:人民出版社,2011:12.
② 中共中央文献研究室.十三大以来重要文献选编(上)[M].北京:人民出版社,2011:21.
③ 中共中央文献研究室.十三大以来重要文献选编(上)[M].北京:人民出版社,2011:15-16.
④ 中共中央文献研究室.十三大以来重要文献选编(上)[M].北京:人民出版社,2011:21-22.
⑤ 中共中央文献研究室.十五大以来重要文献选编(上)[M].北京:人民出版社,2011:24.
⑥ 中共中央文献研究室.十五大以来重要文献选编(上)[M].北京:人民出版社,2011:24.
⑦ 中共中央文献研究室.十八大以来重要文献选编(上)[M].北京:人民出版社,2014:30.

益增长的积极回应,又显示出推动科学发展、增进人民福祉的坚强决心。表明党中央领导集体对生态文明建设认识的深化,也显示了我国全面建设社会主义现代化国家的思路转变。之后,党的十八届三中全会通过了《中共中央关于全面深化改革若干重大问题的决定》指出:"紧紧围绕建设美丽中国深化生态文明体制改革,加快建立生态文明制度,健全国土空间开发、资源节约利用、生态环境保护的体制机制,推动形成人与自然和谐发展现代化建设新格局"①。习近平在主持中央政治局第六次集体学习时强调:"要坚持节约资源和保护环境的基本国策,坚持节约优先、保护优先、自然恢复为主的方针,着力树立生态观念、完善生态制度、维护生态安全、优化生态环境,形成节约资源和保护环境的空间格局、产业结构、生产方式、生活方式。"②由此可见,生态文明建设已经日益受到党和国家的重视。

2. 国家和政府主导的模式是中国特色社会主义生态文明建设的重要保证

毋庸置疑,生态文明建设需要发挥政府、企业和公众的共同力量,一方面需要加强生态文明的硬件条件建设,另一方面需要加快提高公众的生态文明建设意识。然而,不论是生态文明建设的基础设施工程还是公众生态文明意识的提高,都是一个循序渐进过程,同时也是需要有主心骨加以引导的过程。因此,在生态文明建设过程中,必然要求国家和政府发挥主导性作用。

首先,政府主导下生态意识教育的权威性。中国政府始终注重生态文明建设过程中的生态理念培育,承担主体责任,做好率先垂范工作。近年来,政府不断通过各种手段将生态文明意识灌输到民众的头脑中。环境保护作为基本国策,必须将生态理念融入社会主义核心价值观中,体现在和谐社会建设的方方面面。只有政府能够在生态文明意识培养上把握大局。政府在生态文明理念的培育上,一方面注重将生态文明建设、生态环境保护的思想融入教材中,在增强生态文明意识教育的权威性的同时,使得公众的生态文明意识能够较早地建立起来;除此之外,政府也借助大众传媒和公众人物尤其是公益广告等资源平台,向人民群众宣传生态价值理念,使群众在潜移默化中接受生态文明建设的观点,促进生态文明建设的思想入脑入心。另一方面,政府主导的模式便于集中社会各领域人才对生态文明建设的合理性、紧迫性进行充分论证,促进民众对生态文明建设重要性的深入理解,提升理念在民众中的接受程度,使民众对生态文明建设

---

① 中共中央关于全面深化改革若干重大问题的决定[N].人民日报,2013-11-16.
② 习近平.坚持节约资源和保护环境基本国策,努力走向社会主义生态文明新时代[N].人民日报,2013-05-25.

的认识真正实现从自发到自觉。同时,在政府的主导下,这部分人才作为生态保护宣传大军,在进行生态文明宣传时可以在政府的指导下深入民众、企业、科研院所、车间工厂等各个地方,使宣传更加有序、系统、有力。

其次,政府主导下大型生态项目建设的有序性。社会主义制度具有资本主义制度无可比拟的优越性,主要体现在能够集中力量办大事。在社会主义公有制条件下,国家能够有效地集中人力、物力、财力解决事关经济社会发展和人民群众切身利益的突出问题。因此,在社会主义制度下,可以通过建设大型生态项目来保证人民的生态权益。同时,在政府主导下,大型生态项目的建设往往具有国家意志,能够保证生态项目的建设能够有序开展。因此,社会主义制度集中全国力量办大事的特点与生态系统的整体性、环境保护的全局性的要求相一致,也正是社会主义制度优越性的集中体现。

基础设施的建设与完善是生态环境良好的基础和前提,基础设施的配套为生态文明建设提供了硬件条件。基础设施建设速度的快慢,规模的大小,结构完善与否,效率高低,都会直接影响生态文明建设的效率。而由于生态项目建设本身所具有的耗资量巨大,回报周期长的特征,导致该类项目在投资建设时具有一定难度。相对于西方资本主义国家,我国以政府主导的生态项目建设就显示出了十足的优越性。我国作为社会主义国家,政府主导的生态文明建设有利于集中力量办大事,提高生态文明相关基础设施建设的效率。

在政府主导下,建立的生态基础设施规模相对较大,难度较高,资金需求量大,惠及群体众多。如在1978年启动、规划期长达73年的三北防护林体系工程就是政府主导建立的有利于生态恶化地区环境治理的生态基础设施的典型案例,该工程横跨我国东北、西北、华北13个省区市,是当今世界最大的林业生态工程。如此规模宏大,需要大量人力、物力与财力实施的生态工程,如果没有政府的主导,在初期很难得到合理的统筹规划,更不用说多年来对该工程的完善。目前,这项跨世纪生态工程的建设已经进入第三期,已完成造林1800多万公顷,使2100万公顷农田实现了林网化,形成了许多县连片乃至跨省连片连网的大型农田防护林体系,使我国20%的荒漠化土地得到治理。事实证明,在政府的主导下,生态工程的建设在规划、计划、实施方案、作业设计上形成了良好的衔接,防护林的结构得到了科学配置,防护林的经营进一步加强,通过防护林建设拉动了周边经济的发展,实现了经济与生态的共赢。

除此之外,在政府主导下的以恢复森林、草原植被为主要目标的生态系统重建的退耕还林还草工程,不仅成为了促进我国林业的跨越式发展的重要途径,也是林业生产力全面调整的有效举措。作为我国林业建设事业中工序最复杂、涉及面最广且群众参与度最高的生态建设工程,其所涉及的不全是生态文明工程建设,还有许多社会、经济、文化上的复杂问题,如推进退耕还林还草工程背后的贫困补助问题。退耕还林还草作为一项生态工程,从根本上说这项工程是国家公益事业的重要组成部分,是国家组织实施的公共物品生产项目。虽然在一定范围内也包含了具有非公益性的内容,如促进区域产业结构调整,提高区域经济发展与生态的协调性,加速贫困山区和牧区的脱贫等等,但其公益性仍然占据着主导地位。也正是由于生态基础设施建设的特殊性,在建设过程中无疑会涉及自然资源的利用与配置,而这些资源具有公共性,难以通过市场手段进行合理配置,因而必须要通过政府以政策手段来发挥作用。退耕还林还草工程在政府的建设和有效协调下,极大地释放了农业生产力,为农业可持续发展开辟了多元途径。这一工程的实施,使逾4000万退耕农户、1.58亿农民从该生态基础设施建设工程与相关政策补助中直接受益。工程的实施不仅解决了植被覆盖率这一生态问题,同时也通过政策补助和调控,比较稳定地解决了退耕农户的温饱问题。在这一工程的影响下,农村富余劳动力得以从第一产业转移,进入其他产业,促进了农民收入来源的多元化和持续增加。退耕还林还草工程的实施,也使农村产业结构得到调整。新一轮退耕还林还草不再限定还经济林的比例后,各地退耕热情高涨,以此为基础发展起来的干鲜果品、木本粮油基地、林特产品和休闲观光旅游产业,成为农民致富的新途径。退耕还林还草是我国农业发展史上的一场深刻变革,广大农民改变了传统生产和生活方式,以生态修复为突破口,以培育资源、改善生态为基础,通过发展新型林业产业,开发林业多种功能,向社会提供更优质的生态产品,实现大地绿、生态美、百姓富的有机统一。

(三)社会主义公有制与市场经济的结合为生态文明建设提供了强大的经济支撑

1.社会主义公有制为生态文明建设提供了经济基础的保障

与资本主义私有制相比,社会主义公有制对于生态文明建设具有无可比拟的巨大优越性。在资本主义私有制条件下,相当部分的自然资源为资本家占有,一方面为资本家提供了足量的生产资料,另一方面为资本家提供了获取剩余价值的工具,使得自然资源成为资本在少数人手中聚集。马克思在谈及自然资源、所有制和财富占有的关系时说:"只有一个人一开始就以所有者的身份来对待自然界这个一切劳动资料和劳动对象的第一源泉,把自然界当作属于他的东西来处置,他的劳动才成为使用价值的源泉,因而也成为财富的源泉,一个除自己的劳动力以外没有任何其他财产的人,在任何社会的和文化的状态中,都不得不为另一些已经成了劳动的物质条件的所有者的人做奴隶。他只有得到他们的允许才能劳动,因而只有得到他们的允许才能生存。"①在资本主义私有制条件下,资本家可以利用资源的不公占有,以远超平均利润率与经营劳动付出量而迅速暴富。社会主义公有制破除了资本主义私有制的弊端,因此,在对生产资料的占有上,社会主义公有制将生产资料的占有从资本家集团或个人手中转移到全民或者劳动者手中,这就彻底破除了资本逻辑在社会上的统治地位,人与自然分离的局面得到改变,使得在资本主义条件下人完全无视自然,仅将自然作为价值增殖的工具不断开采的情况得到改变。无限开采自然资源,无限扩大再生产,宣扬消费主义和大量排放废弃物的情况自然也不会出现,也就不可能有本国严重的生态破坏和全球性的生态危机。我国社会主义公有制的性质决定了我国的社会经济发展不可能如资本主义私有制国家以自然资源无限开发达到社会经济生产无限扩大,欲壑难填。在公有制条件下,国家可以在发展中平衡好经济与生态的关系。同时,在公有制下,国家用全社会的整体利益与长远利益把不同的部门、劳动者与企业联系起来,使得他们自觉地去从社会和谐发展的需要来调节社会经济发展与生态环境保护之间的关系。生产资料的公有制决定了市场与企业的发展必须服务于人民利益这一大局,服务于国家生态文明建设的战略目标,从而不断改进生产设备,实现社会经济的绿色发展。

我国以公有制为基础的社会主义制度的建立,使生产资料和自然资源为全社会共同占有,用全社会的整体利益和长远利益把不同的部门、企业和职工联系起来,能够自觉从社会均衡发展的需要出发来调节社会发展与自然界的矛盾,自觉而主动地推进生态文明发展。因此,社会主义公有制是实现生态文明的制度基础。

2.社会主义市场经济助力生态文明建设

虽然社会主义的市场经济没有跳出市场经济的框架,仍旧是市场经济的本质,必然带有逐利的性质。但必须明确的是,社会主义市场经济与资本主义市场经济具有本质上的不同,原因在于其所"利"的对象之间的差别。对于资本主义来说,市场经济的趋利具有自发性与盲目性,其"利"所向资本的扩张与利润的无限增长;而对于社会主义市场经济来说,其"利"所向则是以市场之"利"使先富带后富,最终实现共同富裕,也就是说,社会主义市场经济着眼于更长远的"利",最终实现社会经济的发展与自然环境的共赢。

中国特色社会主义经济制度保证了社会主义经济建设的顺利进行,是建设

①　马克思恩格斯选集(第3卷)[M].北京:人民出版社,1995:298.

中国特色社会主义生态文明制度的最重要的组成部分,是推进中国特色社会主义生态文明制度建设的基础。物质基础的建立是人得以生存和发展的先决条件,经济发展是社会和人的全面发展的物质基础和前提。

中国特色社会主义生态文明建设离不开中国特色社会主义市场经济的助力。在资本主义社会,市场经济成为资本主义追逐利益的助推器,市场经济由此成为近两百年来资源耗竭和环境破坏的原因之一。从这个角度说,市场调节不免导致资源消耗和浪费,但是,从另一个角度来说,市场调节又是节约资源的重要手段。原因在于,市场同技术一样,都只是工具,在资本主义条件下,市场调节的盲目性会导致资源浪费,在社会主义条件下,市场被宏观调控无形的手指引着方向,使得市场配置最终实现集约。

在社会主义制度下,市场的盲目性被宏观调控所约束,政府为市场拟定了发展的大方向,同时宏观调控帮助政府、企业、公众协调处理好关系,使企业和公众在获取经济利益的同时,不至于被利益冲昏头脑导致对自然资源的滥用。一方面,政府通过出台环境保护相关政策法律,宣传生态环境保护相关政策措施,提升企业家和消费者的生态保护意识,使企业家将绿色生产与环境保护意识内化为自身社会责任感与道德感的一部分,从而在一定程度上遏制企业生产过程中对环境污染的冲动,引导企业进行绿色生产。另一方面,政府在通过推行生态环境保护政策时,对企业主体以及消费者的潜移默化的灌输作用,使得公众的生态意识不断提升,社会主义市场经济也逐渐由粗放式向集约式、生态化转变。

在社会主义市场经济条件下,对自然资源的利用与保护在政府的管控下首先呈现有序、有度、有节的特征。国家的宏观调控既能实现对自然资源的有序开发和利用,市场的灵活性又使得自然资源的利用方式与分配上呈现出一定的变通性。社会主义市场经济制度的实施使得我国的资源环境在被开发利用前能得到良好的考察,其生态承载能力能够得到正确分析,从而避免了自然资源在市场作用下被无限利用与开发的局面。其次,社会主义市场经济对自然资源产权归属和使用进行了规定,从而在市场机制发挥作用前就限定了其作用发挥的红线,避免了自然资源产权归属到个人的情况。

总体而言,社会主义市场经济条件下,我们对生态文明建设的推进一方面能遵循宏观调控的政策而找准正确的方向。在政府的有效主导下,根据我国经济社会发展实际情况制定生态文明建设的短期、中期与长期目标,并以法律制度方式加以巩固和确定;同时既建立和完善生态资源的产权制度和使用管理制度,又可以充分发挥市场的作用,调动相关个人和企业的积极性,促进市场各要素在生态文明建设过程中的有效配置,从而使得市场成为生态文明建设的加速器。

二、中国特色社会主义生态文明建设的世界意义

中国特色社会主义生态文明建设在短时间内取得了极大成效,在与资本主义国家生态文明建设的横向对比中不仅充分彰显了我国的大国意识,推动了世界环境保护的浪潮,而且充分体现中国作为全球治理一分子的责任和担当,中国需要进步,世界更应团结协作,共同为全球环境治理做出巨大贡献而努力奋斗。

(一)以构建人类命运共同体的现实思考推进全球生态治理

生态文明建设与构建人类命运共同体是相辅相成的关系。"人们真正认识到生态问题无边界、无国界,认识到人类所生存的地球只有一个,地球是我们共同的家园,因此,环境保护也就是全人类的共同责任,生态建设开始成为一种自觉的人类共同行为,生态文明建设也就成为了全人类的事业。"①由于生产的迅速发展,现实世界已然将各国的发展融为一个命运共同体中,面对全球的生态危机问题,任何国家都无法独善其身。因此,必须以人类命运共同体的现实思考切实推进全球生态治理,共同体中的每一成员都要树立起全局观与整体观,担负起建设生态文明的重任。

1.人类命运共同体理念为全球生态文明建设确立共同发展目标

中国特色社会主义生态文明建设坚持以人类命运共同体作为核心旨趣。要实现全球的生态文明建设,必须确立共同的发展目标,即通过污染治理与环境保护,实现绿色和低碳发展;同时加强国际合作,共同面对全球生态问题,携手推进生态文明建设。

首先,面对日益严峻的环境污染问题,推进生态文明建设要求我们必须正确处理人与自然之间的关系,树立起尊重自然、保护自然的理念,这是实现生态文明建设的必然要求。正确看待人与自然之间的关系,摒弃西方资本主义国家以人类为中心的理念,摒弃对自然的工具性看法,将自然看作是与人共生的伙伴以平等的态度对待自然,既非盲目崇拜,也非肆意征服,真正认识到人类的命运是与自然的命运共生共荣的,以此深化对人与自然关系的认识。

其次,必须加大环境治理力度,使维护生态安全成为刻不容缓的话题。近几年全球环境问题日益突出,许多国家虽然在节能减排、治理环境方面不断进行技术更新与升级,但环境状况不断下降的局面还没有得到有效遏制。因此,面对日益严峻的生态问题,我们还需继续加大环境治理力度,在人力、资金和装备技术

---

①　习近平.之江新语[M].杭州:浙江人民出版社,2007:13.

上加大投入，真正实现绿色、低碳发展。"倡导绿色发展既是实现人与自然和谐永续发展目标的客观要求，也是建构人类命运共同体的内在规定"①。一方面，在生产方式上，通过不断通过整合资源，实现绿色集约发展，兼顾经济水平提升、人民生活水平提高与发展方式的生态友好。同时，加快生态友好型技术发展，使生态友好型的技术改变传统经济增长方式，从而在经济水平提升的同时创造和谐的人居环境。另一方面，在生活方式上，以"低碳"为导向，减少碳排放，鼓励低消耗、节约型的生活方式。

最后，"人类命与共同体"的理念将人与自然的命运、不同国家与地区的人类命运融合在一起，人类与自然的发展都是"牵一发而动全身"。这也表明了要促进生态文明建设，必须加强国际合作。在全球生态治理上，应积极推进全球合作，树立共同发展的理念，一方面，发达国家必须履行大国环保责任，为不发达国家提供短期专项财政援助，并逐步建立长期性的扶助机制，帮助这些国家寻找替代能源、发展替代经济，同时，应主动承担起由于前期工业发展所造成的全球性环境破坏的账单。针对经济尚不发达的发展中国家，在发展经济的同时不能以消耗资源环境为代价，应积极寻求技术改革，加快科技发展，尽快扭转经济发展方式，减轻对资源和环境的消耗。

2."人类命运共同体"为全球生态环境建设确立可持续发展的原则

"人类命运共同体"坚持经济发展与生态建设的统一。人类最终实现的发展不是要经济发展而置生态破坏于不顾的发展，也不是只顾生态保护而使经济发展停滞甚至倒退的发展，而是要实现经济发展与生态文明建设的共赢。"人类命运共同体"理念的提出为世界各国生态文明建设指明了正确的方向。其所蕴含的经济建设、政治建设、文化建设、安全建设、生态建设等多个方面的共同发展的意蕴，要求生态建设与经济发展相统一、经济社会与生态文明建设同驱动。同时，"人类命运共同体"深刻揭示了经济发展与生态文明建设的辩证关系，即"绿水青山就是金山银山"。这一方面要求经济发展为生态保护提供资金与动力，另一方面也要求以环境和资源的保护促进经济的发展，使生态文明和物质生产相统一，经济发展和社会发展、经济效益和生态效益相协调。正如习近平总书记提出的，"保护环境就是保护生产力，改善生态环境就是发展生产力"。② 使生态文明建设成为经济建设的重要基底，使二者相向而行，协同共赢。既满足经济建设的总体目标，又不忽视生态文明的发展。在协调经济发展与生态文明建设的关

---

① 王岩,竟辉.以新发展理念引领人类命运共同体的构建[J].红旗文稿,2017(5).
② 习近平总书记系列讲话读本[M].北京:人民出版社,2011:234.

系时,应尊重自然规律、人类社会发展规律和生态文明建设规律,从当前的国情与现实出发,循序渐进,注重整合社会资源,借鉴国内外有益经验,对生态文明建设的思想和原则进行探索和创新,不断深化理论研究和原则坚守,突出生态文明建设的经验借鉴,协调生态文明建设和经济社会建设的内在关联,积极坚持绿色、循环、低碳的发展道路,在建设物质文明的同时不落下生态文明的发展。

"人类命运共同体"是可持续发展理论的核心概念。人类虽有不同国家、地区、人种之分,但是生活在同一个地球,共享着一个无法区隔的自然生态环境系统中,因而就具有了维护人类世代生存繁衍的共同目标,也构成了共同的利益和要求。如果生态系统持续恶化,其完好性则无法永续,人类世代赖以生存的环境就会受到威胁,因此,保护生态环境维护生态功能的完好性就成为人类共同的利益的需求。这也是"人类命运共同体"提出的原因所在。随着全球生态环境问题的日益严峻,"人类整体"命运的走向越来越受到全球社会的关注。而"人类命运共同体"为实现人与自然和谐发展,推进全球生态文明建设确立了共同发展与可持续发展的原则。

3. "人类命运共同体"为全球生态治理提供了对话的平台

"人类命运共同体"的提出,为国际社会提供了环境保护与生态治理对话的平台。我国的生态文明建设实践在短时间内就取得了历史性的成就,成为生态文明建设的一个典范,为世界上其他国家进行生态文明建设改革提供了新的理路。但是,中国的生态文明实践,只是基于中国国情与实践作出的中国方案,只是世界生态文明建设理论与实践的一个组成部分,因此,我们应辩证看待国家治理经验与全球治理方略的互动关系,不能妄自尊大,肆意否定其他国家生态文明建设的理论与成就,甚至对其他国家,尤其是处于第三世界的广大发展中国家的生态文明建设道路指手画脚。而应该认真总结我们在生态文明建设实践中的经验以及教训,加强与其他国家的对话,使得各国博采众长,最终找到适合本国的发展道路。这也是实现"人类命运共同体"共同发展的要求。同时,"人类命运共同体"为全球生态文明建设搭建了平台。相对于世界上其他发展中国家来说,中国的生态文明建设走在了相对靠前的位置,且在短时间内就取得了显著的成效,对于其他国家而言,我们率先从事的生态文明制度改革所提供的经验和教训,实质上是为世界上其他国家搭建起的一个以中国为主角的生态环境治理公共产品供给或备选方案平台。虽然我们的生态治理与生态文明建设方案并不具备唯一性,也不一定具有普适性,但它却扮演了一个十分重要的功能,即把生态文明建设理论与实践这种方案彰显出来,为其他各国提供抛砖引玉的作用。

4."人类命运共同体"为全球生态文明建设提供了合作的方案

随着全球化的纵深发展,人们愈加意识到环境问题也日益变得全球化,无法依靠单个国家解决。而全球性生态系统问题往往牵一发而动全身,关乎于全人类的生存与发展。"单靠一个国家,无论这个国家拥有多么雄厚的经济和科技实力,它都不可能真正解决全球性或地域性的环境问题,只有通过国家间的相互合作,才能有效地解决和保护环境问题。"①同时,"以邻为壑""邻避运动"等狭隘生态主义不过是将危机转嫁到另一区域,并未实现危机的真正化解。对转入地居民来说,这是对其生态权力的剥夺,是一种强加的环境伤害。当前,生态问题作为全球性问题,必然要求国际社会共同努力来加强生态治理。因此,对于解决全球性生态问题,建设惠及全人类的生态文明,国际合作必要且必须。在推动全球实现可持续发展中,既要秉承"共同但有区别的责任"原则,加强节能、减灾防灾、环境保护、可再生的资源开发利用等领域的国际合作,也要反对生态领域的霸权主义,尤其要反对西方发达国家在履行生态责任上的"双重标准"。

"人类命运共同体"的理念呼吁国际社会各国携手解决生态问题。实现全球生态治理和加强国际合作,"人类命运共同体"不仅代表了中国对于人类文明最终向何处去的正确判断,也代表了人类社会未来的发展方向,推进了全球环境问题的国际合作。"人类命运共同体"从人类的共同利益出发,以明确的问题导向向世界提供了全球化时代解决生态问题的中国方案。"人类命运共同体"的核心是人类在追求自身利益时兼顾他方合理关切,在谋求自身发展中促进人类共同发展;其实质是倡导国家间、地区间的合作,不仅强调国内跨区域、跨部门加强生态治理合作,而且积极倡导全球生态治理合作,尤其强调履行大国环保责任,旨在推动人类团结一致来应对生态威胁并克服现代社会发展中的各种难题,从而实现可持续发展和人类文明幸福。

(二)中国在全球生态文明建设的大国责任担当

地球是人类唯一的家园,保护全球环境成为人类的共同诉求,这就要求我们"坚持同舟共济、权责共担,携手应对气候变化、能源资源安全、网络安全、重大自然灾害等日益增多的全球性问题,共同呵护人类赖以生存的地球家园"②。习近平指出:"如果抱着功利主义的思维,希望多占点便宜,少承担责任,最终将是损人不利己……应当抛弃零和博弈狭隘思维,推动各国尤其是发达国家多一点共

---

① 丁金光.国际环境外交[M].北京:中国社会科学出版社,2007:44.
② 习近平.弘扬和平共处五项原则,建设合作共赢美好世界[M].北京:人民出版社,2014:10.

享,多一点担当,实现互惠共赢。"①这体现了中国负责任的大国的态度,彰显了我国在生态文明建设上的责任与担当。

要建成"人类命运共同体",积极治理全球生态问题,缓解全球生态危机,建设生态文明,任何一个国家和民族、人民都应该勇于承担责任。我国是世界上最大的发展中国家,历来以一个负责任的大国形象出现在国际舞台上。中国在生态文明建设上率先垂范,勇于承担国际责任、履行生态文明建设义务。作为拥有十几亿人口的发展中国家,中国的产业发展还未能完全实现集约化的转变,而中国又是世界上遭受气候变化不利影响最为严重的国家之一。面临着经济发展的压力,中国所承受的生态压力可想而知。面临国内巨大的经济、生态压力,中国依旧接过全球气候治理的重担,积极承担应对气候变化的大国责任,"引导应对气候国际合作,成为全球生态文明建设的重要参与者、贡献者、引导者"②,展现了作为负责任的大国应有的姿态和风范。特别是中国作为一个发展中国家,坚守《巴黎协定》,积极推进全球治理,在保持国内经济高速增长的同时,在近十年间减少了近 41 亿吨二氧化碳的排放。不仅如此,中国加快推进国内生态文明建设事业,持续加强进行生态文明体制改革,坚持绿色发展道路,凭借最坚强的领导与最严格的法制,对国内的大气污染、水污染、土壤污染等突出环境问题进行了综合治理并取得了突出成效,以身作则用实际行动坚守自己对世界的承诺。

同时,我国在全球生态文明建设的责任承担上,坚持"共同的但有区别的责任原则"。面对全球性的生态问题,各个国家需共同承担责任,但是由于各国国情不同,发展状况不同,有区别、有差异地承担更合规律,也更合情理。习近平总书记明确指出:"我们坚持共同但有区别的责任原则,和国际社会一道面对全球环境问题。"③他还强调,中国作为负责的发展中大国,应承担更多的生态责任,在致力于解决中国国内生态环境问题的同时,积极加强国际生态环境合作,履行大国责任义务。发挥自身在国际舞台上的影响力,呼吁发达国家在继续落实减排责任的同时加强对发展中国家的资金、技术和能力建设支持。

(三)生态文明建设事业必须以人民为中心

中国特色社会主义生态文明建设"以人民为中心"的价值理念深刻体现了以

---

①　习近平谈治国理政(第 2 卷)[M].北京:外文出版社,2017:529.

②　习近平.决胜全面建成小康社会 夺取新时代中国特色社会主义伟大胜利——在中国共产党第十次全国代表大会的报告[M].北京:人民出版社,2017:66.

③　习近平接受路透社采访[EB/OL]. http://www. xinhuanet. com/zgjx/2015 - 10/19/c_134726642. htm. 2015-10-19.

人为本的科学发展思想。广大民众是中国特色社会主义生态文明建设的主体，必须将生态文明建设的利好落实到人民群众身上，让人民群众共享生态文明建设的成果。中国共产党时刻重视人民的环境权益，积极回应人民群众的生态需求，并把清洁的生活环境和良好的生态环境作为人民的基本人权，这是关于生态系统环境价值的新认识，并且反复强调良好的生态环境对人民幸福的基础价值。重视人的权益，是世界生态文明的最终归旨，也是中国为世界生态文明提供的有效启示。

1. 生态文明建设必须发挥人民主体作用

生态文明建设不论是在国际还是在国内，都与每一个人息息相关，每个人都身在其中，无法成为局外人。因此，建设生态文明，必须发挥人民主体作用，调动人民群众建设生态文明的积极性，使每个人都成为生态环境的保护者、生态污染的治理者、生态文明的创建者。中国特色社会主义生态文明建设的成功实践表明，生态文明建设事业离不开人民这个根本的依靠，必须重视人民在推进生态文明建设中的主体作用。中国在短短几十年之间，特别是党的十八大召开后不到8年时间里，我国的生态文明建设之所以能够取得了显著的成效，山川湖海面貌焕然一新，环境效益与生态效益同向提升，正是得益于在生态文明建设中的群众参与。习近平指出："生态文明是人民群众共同参与共同建设共同享有的事业，要把建设美丽中国转化为全体人民的自觉行动。"①

同时，生态文明建设的复杂性、困难性要求我们必须紧紧依靠群众，使群众充分发挥主体能动性，运用人民群众的智慧和力量，把生态文明建设事业推向前进。否则，生态文明建设就会脱离最重要的依靠力量，我们对于生态文明建设的愿景也会成为镜花水月。正是如此，中国特色社会主义生态文明建设积极调动人民群众的积极性，使人民群众充分认识到生态文明建设的重要性和紧迫性。中国建设生态文明的实践也表明，只有发挥群众的主体作用，使生态文明建设不至成为各国政府政党的"独舞"，而要成为政党、政府与人民的"众乐乐"。

2. 生态文明建设要让全体人民共享文明成果

生态文明建设一方面是发挥人民群众的主观能动性，使他们积极投身于生态文明建设事业的过程，同时也应该是人民群众共享生态文明建设成果的过程。生态文明的共建和共享是统一于中国特色社会主义生态文明事业的相辅相成的关系。要使人民群众积极参与到生态文明建设的事业中，就必然让人民群众享

---

① 习近平. 推动我国生态文明建设迈上新台阶——在全国生态环境保护大会上的讲话[N]. 人民日报, 2018-5-20(1).

受生态文明建设的成果和红利。只有保证人民群众切实享受到生态文明建设的利好,才能真正促进人民群众积极投身于生态文明建设的事业中,保证生态文明建设的有序发展。正如习近平所强调:"国家建设是全体人民共同的事业,国家发展过程也是全体人民共享成果的过程。"[①]中国特色社会主义生态文明建设始终以人民为中心,注重倾听人民呼声、坚守人民立场、维护人民利益,满足人民诉求,注重让人民群众共享生态文明建设成果,坚持生态文明建设造福人民。习近平深刻指出,要让人民真实地享受到更多的生态文明成果,享有更多的获得感、幸福感和安全感,更要把人民对生态环境的满意度作为检验生态文明建设成效的重要尺度。这也是中国的生态文明建设之所以能够得民心、顺民意的根本原因,也是中国特色社会主义生态文明建设事业顺畅发展的原因。世界各国在促进生态文明建设的过程中,必须关注到生态文明建设成果为人民享有这一重点。

（四）中国生态文明建设为全球环境治理与可持续发展提供中国智慧与中国方案

1. 中国生态文明建设具有示范意义

我国历来重视对生态文明的建设,但在改革开放前,经济发展整体速度较慢,生产方式也以耗损资源、破坏环境的粗放型、掠夺式发展为主,第一二产业所占比重大,环境问题与生态危机频发,北方地区过度放牧导致草场退化,濒危保护动植物灭绝加速,荒漠化问题严重。许多城镇、村落遭遇较为严重的环境危机。由不良的生产方式所导致的地下水位下降、湖泊面积减少、水环境与大气污染等损害群众身心健康的环境问题,严重影响着当地人民的生活。党的十八大召开后,我国大力着手进行生态文明建设,环境污染治理投资大幅度提升,生态治理成效显著。2017 年,随着森林覆盖率在我国持续上升至 21.66%,我国的森林资源增长速度已在全球范围内一马当先。根据国际能源署发布的《世界能源展望 2017 中国特别报告》,中国已逐渐调整与改善用能结构,具体表现为极易引发污染的煤炭需求持续回落,可再生能源的清洁用能正在全国范围内逐渐普及。这表明中国已经逐步走上绿色发展道路,生态文明治理已取得了显著成效。为世界各国提供了短时间实现人与自然和谐发展的蓝本与典范。

2. 建设生态文明必须加强法制建设,做好顶层设计

中国共产党和中国政府历来重视对生态文明建设的整体规划,注重从国家

---

① 习近平关于协调推进"四个全面"战略布局论述摘编[M].北京:中央文献出版社,2015:44.

层面以横向和纵向相结合的方式深入推行生态文明建设。在纵向推进上,由顶层设计的指导思想和整体部署,借助政策工具的形式,在因地制宜地结合地方具体实际和实践经验的基础上,要求省、市、县各级单位出台生态文明建设的实施意见和方案,由此确保中央生态文明建设的宏观思路,能够在各地方富有特色的具体实践中,得到逐级落实,如在 2015 年 3 月 24 日,中共中央政治局召开会议,审议通过《关于加快推进生态文明建设的意见》。在横向推进上,中国在生态文明建设上逐渐完善顶层设计的"四梁八柱",搭好生态文明建设的基础性制度框架,如在此框架下的生态环境部的组建,一方面使得环保主管部门地位话语权不断提升,执法权提高,环境监管能力不断增强,为我国的生态文明建设提供了强大的体制保障;另一方面,整合了属于其他部门的环保管理职能,实现了生态环境保护和污染防治的统筹和整体管理。这进一步提升了生态环境保护管理体制的权威性和有效性。

为充分保障生态文明建设,就必须完善生态环境法律体系。中国特色社会主义之所以能够在短期内取得生态文明建设的重大进展,也得益于完备法律法规体系的保驾护航。在十八届中央政治局第六次集体学习时,习近平明确指出:"保护生态环境必须依靠制度、依靠法治。只有实行最严格的制度、最严密的法治,才能为生态文明建设提供可靠保障。"[①]为了加快生态文明建设的步伐,相关部门着力构建强有力的法制网络并于 2015 年 1 月 1 日出台并实施了史上最严格的新《环境保护法》。该法的出台,使得生态文明建设各项规定更加明确,措施的力度进一步增强,获得了较为显著的生态治理效果。由此可见,在生态文明建设的过程中,必须完善相关环境法律法规,才能为生态文明建设各项措施的推行提供准绳与保障。

3.将环境利益与经济利益结合起来,以环境利益促进经济利益

"绿水青山就是金山银山"理念强调的是在尊重自然、顺应自然、保护自然的前提下,推动"绿水青山"的自然资源向"金山银山"的经济优势转化,其中昭示的是"人与自然和谐共生"的辩证法思想。但长期以来,由于对"绿水青山就是金山银山"理念内在辩证性的忽视,一些地方实践"庸俗化"地着眼于"金山银山",这就导致"绿水青山就是金山银山"理念在具体实践中的积极作用无法得到发挥,反而沦为了肆意开发自然资源以"堆积""金山银山"的附庸。事实上,这种庸俗化的理解早已被马克思所批判。在大工业资本主义时代,马克思恩格斯细致描

---

① 中共中央文献研究室编.习近平关于社会主义生态文明建设论述摘编[M].北京:中央文献出版社,2017:99.

述了只考虑"最近的最直接的结果"和"获得普通的利润"的资产阶级——为了狭隘的私人利益无节制地剥削大自然,最终造成了"肇事者"可能都无法理解的自然灾害。这种批判被后来的生态马克思主义者所继承,也揭示得更为深入。如法国左翼知识分子高兹(Andre Gorz)就把生态危机的根源直指资本主义生产方式指出,资本逻辑只"对获取利润感到兴趣",它"首要关注的并不是如何通过实现生产与自然相平衡、生产与人的生活相协调······它所关注的主要是花最少量的成本而生产出最大限度的交换价值",因而,在这种逻辑下,作为资本"人格化"的资本家必然以"最大的限度去控制自然资源,最大限度地增加投资"①,而对由此付出的环境代价却置若罔闻。与这种"庸俗化"观点相反的则是走向极端化、抽象化的生态保护主义观念,即 20 世纪 80 年代以来,西方绿色思潮中否定经济发展意义,秉持"自然权利论"和"自然价值论",片面强调"地球优先性"的"生态中心论"。这种观点对生态保护的误读,正如美国生态马克思主义理论家詹姆斯·奥康纳(James O'connor)所说,"生态中心论"者解决生态危机的实质不过是一种浪漫主义遐想,为的是使自然回归到"未被污染的、未被人类之手接触过"的"荒野"状态②。无论是违背自然发展规律的"庸俗化"发展观,还是将自然"抽象化""神圣化"的自然保护观,其本质都是一种历史的倒退,必然在实践中遭至客观现实的反噬与否定。只有深入到人与自然矛盾的现实实践之中,才能真正发掘出一条适合于人与自然关系协调的新发展之路。

将"绿水青山"与"金山银山"统一起来,离不开运用科学技术对环境进行保护。自然资源的供给能力在科学技术对环境的保护下有增强的可能性。通过不断提升技术水平,使自然供治能力不变甚至能稍有提升的情况下,合理地、有节制地开发自然、利用自然,就能在双赢的轨道上实现经济与生态的协调共进。

一方面,不能因为要"绿水青山"就放弃"金山银山",当今世界发展中国家数量较多,许多国家的人民甚至难以满足温饱,如果将经济活动与生态保护完全对立起来,不仅会使经济发展陷入停滞,当经济发展不能满足人生存发展的基本需要,人民受到贫困的袭扰,生存的欲望与斗争必将蔓延到自然资源的争夺中,从而导致经济发展与生态环境保护两手落空。另一方面,也不能因为要"金山银山"就放弃"绿水青山",西方资本主义国家实现工业文明的过程中已经提供了足够的教训,先污染后治理的方案无疑是下下策之选。"绿水青山就是金山银山"的新理念克服了 20 世纪以来人类实现经济与环境保护上面临的两难处境,使经

---

① Andre Gorz. *Ecology as politics*[M]. Boston: South Press, 1980, p.15.
② 詹姆斯·奥康纳. 自然的理由[M]. 臧佩洪, 唐正东译. 南京: 南京大学出版社, 2003: 35.

济利益与环境利益得以有机统一。

"绿水青山就是金山银山"的理念就是将经济利益与环境利益的统一与协调结合起来的最好例证。经过不断探索和完善,我国政府形成了"绿水青山就是金山银山"的新理念。这一理念在党的十九大报告中得到了更加明确和坚定地宣示,报告强调"建设生态文明是中华民族永续发展的千年大计。必须树立和践行绿水青山就是金山银山的理念"①。同时,我国政府将这一理念融入现代化建设事业和民生工作中,提出"我们要建设的现代化是人与自然和谐共生的现代化,既要创造更多物质财富和精神财富以满足人民日益增长的美好生活需要,也要提供更多优质生态产品以满足人民日益增长的优美生态环境需要"②。中国特色社会主义生态文明建设以习近平生态文明思想体系中"绿水青山就是金山银山"理念为指导,以坚持"良好生态环境就是最普惠的民生福祉"构筑经济健康持续发展的根基,同时以良好的生态环境促进农业的多样化发展,使生态农业、生态旅游等在环境保护中转化为直接的经济利益。使"绿水青山"与"金山银山"统一于构建产业生态化和生态产业化的生态经济体系中,全面推动绿色发展。通过将经济发展与环境保护结合起来,有益于推进产业的多样化与经济结构调整、经济发展方式转型,在为人民提供更多更优质的生态产品的同时,也为人民打造了经济高质量发展的"金山银山"。

"绿水青山就是金山银山"的理念无疑为世界各国在生态实践中,破解发展经济与环境保护的两难抉择,提供了实现双赢的中国智慧,中国生态文明建设的现实图景也将为世界各国的可持续发展道路,提供值得参照的典范。

---

① 习近平.决胜全面建成小康 社会夺取新时代中国特色社会主义伟大胜利——在中国共产党第十九次全国代表大会上的报告[M].北京:人民出版社,2017:23.

② 习近平.决胜全面建成小康社会 夺取新时代中国特色社会主义伟大胜利——在中国共产党第十九次全国代表大会上的报告[M].北京:人民出版社,2017:50.

参考文献

[1]习近平.之江新语[M].杭州:浙江人民出版社,2007.

[2]习近平.弘扬和平共处五项原则,建设合作共赢美好世界[M].北京:人民出版社,2014.

[3]习近平.关于全面深化改革论述摘编[M].北京:人民出版社,2014.

[4]习近平谈治国理政(第2卷)[M].北京:外文出版社,2017.

[5]中共中央文献研究室.习近平关于社会主义生态文明建设论述摘编[M].北京:中央文献出版社,2017.

[6]习近平.决胜全面建成小康社会 夺取新时代中国特色社会主义伟大胜利——在中国共产党第十九届全国代表大会上的报告[M].北京:人民出版社,2017.

[7]十九大以来重要文献选编[M].北京:中央文献出版社,2019.

[8]中共中央文献研究室.十二大以来重要文献选编(上)[M].北京:人民出版社,2011.

[9]中共中央文献研究室.十三大以来重要文献选编(上)[M].北京:人民出版社,2011.

[10]中共中央文献研究室.十五大以来重要文献选编(上)[M].北京:人民出版社,2011.

[11]中共中央文献研究室.十八大以来重要文献选编(上)[M].北京:人民出版社,2014.

[12]中国科学院可持续发展战略研究组.2014年中国可持续发展战略报告:创建生态文明的制度系[M].北京:科学出版社,2014.

[13]马克思恩格斯全集(第1卷)[M].北京:人民出版社,1974.

[14]马克思恩格斯全集(第17卷)[M].北京:人民出版社,1963.

[15]马克思恩格斯全集(第23卷)[M].北京:人民出版社,1972.

[16]马克思恩格斯选集(第1卷)[M].北京:人民出版社,1995.

[17]马克思恩格斯选集(第2卷)[M].北京:人民出版社,1995.

[18]马克思恩格斯选集(第3卷)[M].北京:人民出版社,1995.

[19]马克思恩格斯选集(第4卷)[M].北京:人民出版社,1995.

[20]马克思恩格斯文集(第1卷)[M].北京:人民出版社,2009.

[21]马克思恩格斯文集(第8卷)[M].北京:人民出版社,2009.

[22]马克思.1844年经济学哲学手稿[M].北京:人民出版社,2000.

[23]马克思.资本论(第3卷)[M].北京:人民出版社,1975.

[24]毛泽东选集:第1卷[M].北京:人民出版社,1991.

[25]刘希刚.马克思恩格斯生态文明思想及其中国实践研究[M].北京:中国社会科学出版社,2014.

[26]李宏伟.马克思主义生态观与当代中国实践[M].北京:人民出版社,2015.

[27]丁金光.国际环境外交[M].北京:中国社会科学出版社,2007.

[28]张云飞.天人合一——儒学与生态环境[M].成都:四川人民出版社,1995.

[29]乐爱国.道教生态学[M].北京:社会科学文献出版社,2005.

[30]杨志,等.中国特色社会主义生态文明制度研究[M].北京:经济科学出版社,2014.

[31]魏星河.当代中国公民有序政治参与研究[M].北京:人民出版社,2007.

[32]约翰·贝拉米·福斯特.生态危机与资本主义[M].耿建新译.上海:上海译文出版社,2006.

[33]丹尼尔·贝尔.资本主义文化矛盾[M].赵一凡等译.北京:三联书店出版社,1989.

[34]习近平.推动我国生态文明建设迈上新台阶[J].求是,2019(3).

[35]陈爱华.论青年马克思的生态伦理观及其当代启示[J].南京林业大学学报(人文社会科学版),2008(3).

[36]张春华.中国生态文明制度建设的路径分析——基于马克思主义生态思想的制度维系[J].当代世界与社会主义,2013(2).

[37]郇庆治.2014年欧洲议会选举中的欧洲绿党:以中东欧国家为中心[J].国外理论动态,2015(1).

[38]蔡永海,等.从传统生态伦理看生态文明制度建设[J].当代县域经济,2015(3).

[39]阮朝辉.习近平生态文明建设思想发展的历程[J].前沿,2015(2).

[40]唐鸣,等.习近平生态文明制度建设思想:逻辑蕴含、内在特质与实践向度[J].当代世界与社会主义,2017(4).

[41]黄珍慧.习近平生态文明思想的制度建设:以"河长制"全面推行为例[J].长春市委党校学报,2018(2).

[42]李娟.中国生态文明制度建设40年的回顾与思考[J].中国高校社会科学,2019(2).

[43]王祖强,等.生态文明建设的机制和路径——浙江践行"两山"重要思想的启示[J].毛泽东邓小平理论研究,2016(9).

[44]林震等.生态文明制度创新的深圳模式[J].新视野,2015(3).

[45]蔡永海,等.我国生态文明制度体系建设的紧迫性、问题及对策分析[J].思想理论教育导刊,2014(2).

[46]刘登娟等.中国生态文明制度体系的构建与创新——从"制度陷阱"到"制度红利"[J].贵州社会科学,2014(2).

[47]赵成.论我国环境管理体制中存在的主要问题及其完善[J].中国矿业大学学报(社会科学版),2012(2).

[48]王思远.新时代生态文明制度建设路径探析[J].领导科学,2018(35).

[49]张平,黎永红,韩艳芳.生态文明制度体系建设的创新维度研究[J].北京理工大学学报(社会科学版),2015(4).

[50]李娟.中国生态文明制度建设40年的回顾与思考[J].中国高校社会科学,2019(2).

[51]张明皓.新时代生态文明体制改革的逻辑理路与推进路径[J].社会主义研究,2019(3).

[52]赵建军,等.以制度和文化的协同发展推进生态文明建设[J].环境保护,2017(6).

[53]梁燕君.21世纪技术创新的发展趋势[J].环渤海经济,2005(4).

[54]李文倩.环境非政府组织对中国社会发展的影响[J].决策与信息,2013(4).

[55]徐永平.关于转变经济发展方式的思考——马克思生产、分配、交换、消费关系理论的启示[J].理论研究,2011(5).

[56]王波,董振南.我国绿色金融制度的完善路径——以绿色债券、绿色信贷与绿色基金为例[J].金融与经济,2020(4).

[57]陈晓,等.关于建立湖州国家生态文明先行示范区运行机制研究[J].湖州师范学院学报,2016(03).

[58]冯汝.跨区域环境治理中纵向环境监管体制的改革及实现——以京津冀区域为样本的分析[J].中共福建省委党校学报,2018(08).

[59]卓越,张红春.绩效激励对评估对象绩效信息使用的影响[J].公共行政评论,2016(2).

[60]《求是》科教编辑部,《今日浙江》杂志联合调研组."千万工程"造就万千美丽乡村[J].求是,2019(13).

[61]陈永森.福斯特对生态帝国主义的批判及其启示[J].科学社会主义,2009(1).

[62]翁淮南,刘文韬,等.美丽,从这里出发:浙江美丽乡村建设的生动实践[J].党建,2015(8).

[63]王岩,竟辉.以新发展理念引领人类命运共同体的构建[J].红旗文稿,2017(5).

[64]陈爱华.论青年马克思的生态伦理观及其当代启示[J].南京林业大学学报(人文社会科学版),2008(03).

[65]朱晓鹏.道家哲学精神及其价值境域[M].北京:中国社会科学出版社,2007.

[66]魏德东.佛教的生态观[J].中国社会科学,1999(05).

[67]陈红兵.佛教生态观研究现状述评[J].五台山研究,2008(02).

[68]陈颖,韦震,王明初.毛泽东生态文明思想及其当代意义[J].马克思主义研究,2015(06).

[69]胡建.从"极端人类中心主义"到"生态人类中心主义"——新中国毛泽东时期的生态文明理路[J].观察与思考,2014(06).

[70]刘镇江,肖明.毛泽东生态伦理思想的二重性及其启示[J].湖南社会科学,2011(01).

[71]秦书生.改革开放以来中国共产党生态文明建设思想的历史演进[J].中共中央党校学报,2018,22(02).

[72]王太明,王丹.中国特色社会主义生态文明制度建设的理论逻辑[J].北京交通大学学报(社会科学版),2021,20(04).

[73]杨大燕.论邓小平生态文明建设思想及其蕴含的四大思维[J].邓小平研究,2018(03).

[74]汪希,刘锋,罗大明.邓小平生态文明建设思想的当代价值研究[J].毛泽东思想研究,2015,32(01).

[75]李阳,艾志强.江泽民生态民生思想探析[J].文化学刊,2017(08).

[76]杨卫军.论江泽民对马克思生态观的新发展[J].前沿,2009,(04).

[77]曹萍,冯琳.胡锦涛同志生态文明思想的区域实现探析[J].毛泽东思想研究,2009,26(06).

[78]郑振宇.习近平生态文明思想发展历程及演进逻辑[J].中南林业科技大学学报(社会科学版),2021,15(02).

[79]王青.新时代人与自然和谐共生观的生成逻辑[J].东岳论丛,2021,42(07).

[80]肖贵清,武传鹏.国家治理视域中的生态文明制度建设——论十八大以来习近平生态文明制度建设思想[J].东岳论丛,2017,38(07).

[81]杨勇,阮晓莺.论习近平生态文明制度体系的逻辑演绎和实践向度[J].思想理论教育导刊,2018(02).

[82]沈满洪.习近平生态文明体制改革重要论述研究[J].浙江大学学报(人文社会科学版),2019,49(06).

[83]沈满洪.生态补偿机制建设的八大趋势[J].中国环境管理,2017,9(03).

[84]沈满洪.推进生态文明产权制度改革[J].中共杭州市委党校学报,2015(06).

[85]沈满洪.促进绿色发展的财税制度改革[J].中共杭州市委党校学报,2016(03).

[86]沈满洪.生态文明制度的构建和优化选择[J].环境经济,2012(12).

[87]沈满洪,等.生态文明制度建设的杭州经验及优化思路[J].观察与思考,2021(06).

[88]冯汝.跨区域环境治理中纵向环境监管体制的改革及实现——以京津冀区域为样本的分析[J].中共福建省委党校学报,2018(08).

[89]尹瑛.环境风险决策中公众参与的行动逻辑——对国内垃圾焚烧争议事件传播过程的考察[J].青年记者,2014(35).

[90]沈满洪,谢慧明.跨界流域生态补偿的"新安江模式"及可持续制度安排[J].中国人口·资源与环境,2020,30(09).

[91]陶火生.十八大以来中国共产党建设生态文明制度体系的成就与经验[J].福建师范大学学报(哲学社会科学版),2022(03).

[92]牛丽云.青海打造生态文明制度创新新高地研究[J].青海社会科学,2021(06).

[93]林震,栗璐雅.生态文明制度创新的深圳模式[J].新视野,2015(03).

[94]周卫.我国生态环境监管执法体制改革的法治困境与实践出路[J].深圳大学学报(人文社会科学版),2019,36(06).

[95]唐斌,彭国甫.地方政府生态文明建设绩效评估机制创新研究[J].中国行政管理,2017(05).

[96]张平,黎永红,韩艳芳.生态文明制度体系建设的创新维度研究[J].北京理工大学学报(社会科学版),2015,17(04).

[97]赵建军,尚晨光.以制度和文化的协同发展推进生态文明建设[J].环境保护,2017,45(06).

[98]郇庆治.环境政治国际比较[M].济南:山东大学出版社,2007.

[99]胡澎.日本建设循环型社会的经验与启示[J].人民论坛,2020(34).

[100]孟文强,孙江永,周宏瑞.中日构建循环型社会指标的分析与比较[J].日本问题研究,2012,26(02).

[101]谭颜波.国外生态文明建设的实践与启示[J].党政论坛,2018(04).

[102]中共中央关于全面深化改革若干重大问题的决定[N].人民日报,2013-11-16

[103]习近平.推动我国生态文明建设迈上新台阶——在全国生态环境保护大会上的讲话[N].人民日报,2018-5-20(01).

[104]习近平.坚持节约资源和保护环境基本国策,努力走向社会主义生态文明新时代[N].人民日报,2013-05-25.

[105]乔清举.心系国运绿色奠基[N].学习时报,2016-07-28.

后　记

生态文明制度建设这一领域,本不属于我的学术专长,为了做好该课题的研究,我查阅大量相关资料,了解到许多过去从未涉猎过的政策文件和理论观点,这一过程中,我对自己认知的浅薄以及视野的狭隘感到汗颜,深切地体会到"学无止境"这一警训的现实激励意义。

本书主要是从"如何做"这一实践维度入手,遵循理论与实践相统一、历史与现实相衔接的原则,着重从宏观路径、运行机制、典型经验、国际互动等层面,探讨在中国特色社会主义进入新时代的客观形势下生态文明制度的现实转化问题,以期在阐发生态文明的践行方案、提升生态问题的治理能力、推广生态文明制度建设典型经验的基础上,充分发扬中国特色社会主义的制度优势,努力形成生态文明建设的中国特色,更好地坚定和践行"四个自信",初步打造该领域研究的中国学术话语。

本书的顺利完稿,首先得力于我的博士生导师庞虎教授。庞老师长期从事马克思主义中国化、党的建设、意识形态建构等领域的研究,他治学严谨、博通经籍、诲人不倦,不仅授我以学术研究之"渔",更授我以为人处事之道。在本书的整个写作过程中,从课题的选定、标题的推敲,到框架的设计、提纲的构思、观点的提炼,再到具体语句的润色、通篇的修定,导师都付出了极大的心血。在导师的精心指导下,我本人顺利完成了本书稿大部分的撰写任务,以及最终统稿与修改补充,共计15万字;浙江大学马克思主义学院博士生朱泽渊参与了第四章的撰写,并完成5万字的内容;博士生蔡亦恬参与了第五章的撰写,并完成5万字的内容。

由于作者的学术水平及专业基础所限,书稿肯定还存在诸多的不足之处,敬请各位同仁不吝批评指正为盼。

陈仁锋

2022 年 7 月 26 日